U0175523

人类进化

我们从哪里来

苗德岁 著

青岛出版集团 | 青岛出版社

图书在版编目（CIP）数据

人类进化：我们从哪里来 / 苗德岁著 . — 青岛：青岛出版社，2023.6（2024.5 重印）
ISBN 978-7-5736-1019-5

Ⅰ . ①人… Ⅱ . ①苗… Ⅲ . ①人类进化 - 青少年读物
Ⅳ . ① Q981.1-49

中国国家版本馆 CIP 数据核字（2023）第 050820 号

RENLEI JINHUA: WOMEN CONG NALI LAI

书　　名　人类进化：我们从哪里来
著　　者　苗德岁
出版发行　青岛出版社
社　　址　青岛市海尔路 182 号（266061）
本社网址　http://www.qdpub.com
总 策 划　张化新
策　　划　连建军　魏晓曦
责任编辑　宋华丽　杨　东
特约编辑　施　婧　朱晓雯
美术总监　袁　堃
美术编辑　李　青
印　　刷　青岛海蓝印刷有限责任公司
出版日期　2023 年 6 月第 1 版　2024 年 5 月第 2 次印刷
开　　本　16 开（715 mm×1010 mm）
印　　张　11
字　　数　120 千
书　　号　ISBN 978-7-5736-1019-5
定　　价　58.00 元

编校印装质量、盗版监督服务电话：4006532017　0532-68068050
建议陈列类别：少儿 / 科普

书中自有新天地

送给能静心读书的你

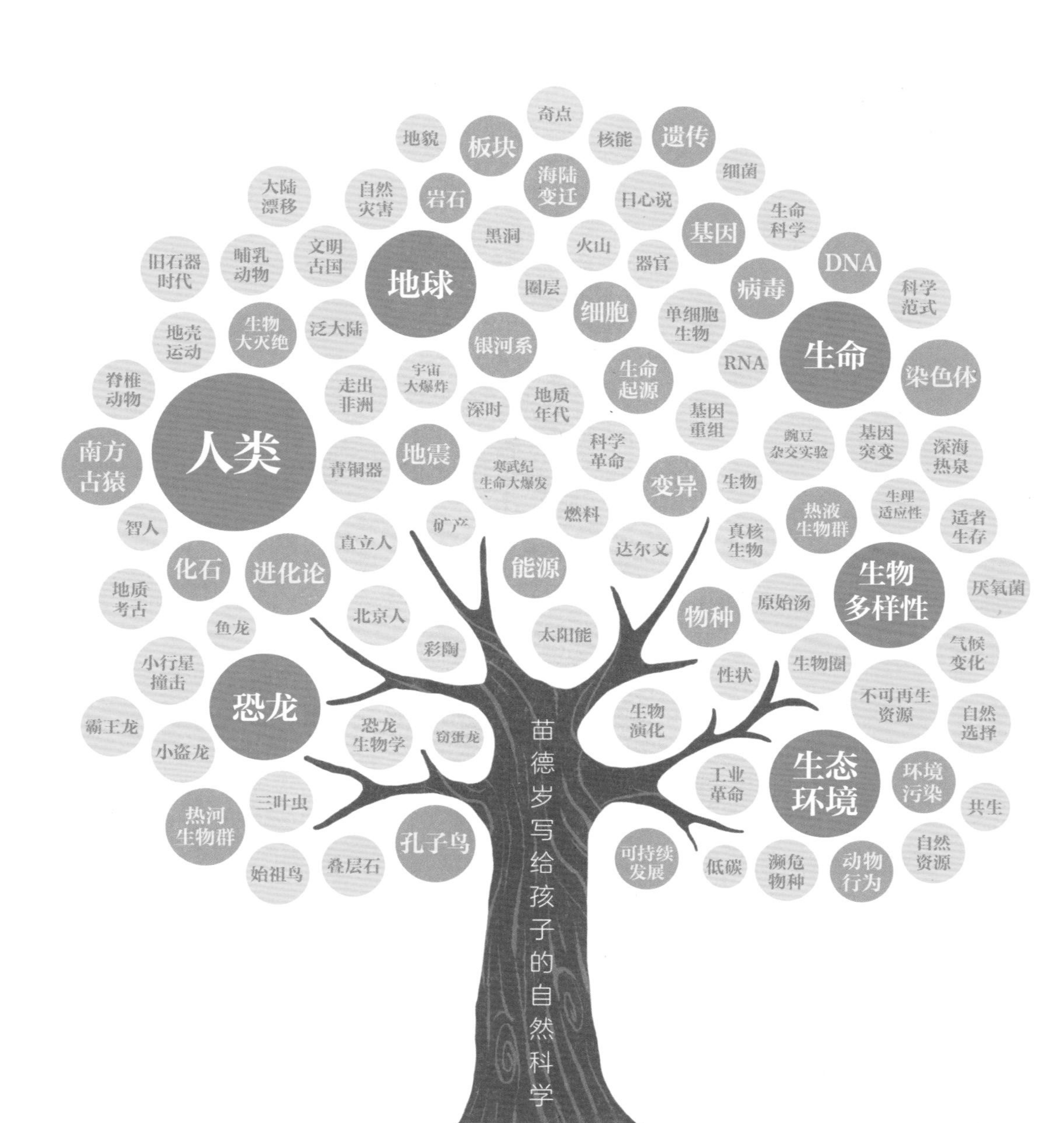

奇点
地貌
板块
核能
遗传
海陆
变迁
细菌
大陆
漂移
自然
灾害
岩石
日心说
基因
生命
科学
旧石器
时代
哺乳
动物
文明
古国
地球
黑洞
火山
器官
DNA
圈层
病毒
科学
范式
地壳
运动
生物
大灭绝
泛大陆
银河系
细胞
单细胞
生物
生命
RNA
染色体
脊椎
动物
宇宙
大爆炸
走出
非洲
深时
地质
年代
生命
起源
基因
重组
人类
南方
古猿
青铜器
地震
寒武纪
生命大爆发
科学
革命
变异
豌豆
杂交实验
基因
突变
深海
热泉
生物
智人
燃料
矿产
直立人
热液
生物群
生理
适应性
适者
生存
达尔文
真核
生物
化石
进化论
能源
生物
多样性
厌氧菌
地质
考古
北京人
物种
原始汤
鱼龙
太阳能
彩陶
气候
变化
小行星
撞击
性状
生物圈
恐龙
不可再生
资源
霸王龙
生物
演化
自然
选择
小盗龙
恐龙
生物学
窃蛋龙
工业
革命
生态
环境
环境
污染
热河
生物群
三叶虫
共生
孔子鸟
可持续
发展
低碳
濒危
物种
动物
行为
自然
资源
始祖鸟
叠层石
苗德岁写给孩子的自然科学

总 序

沈树忠

中国科学院院士、地层古生物学家

我与苗德岁先生相识20多年了。2001年，我从澳大利亚被引进中国科学院南京地质古生物研究所，就常从金玉玕院士那里听说他。金老师形容他才华横溢，中英文都很棒，很有文采。后来，我分别在与张弥曼、周忠和等多位院士的接触中对他有了更多了解，听到的多是赞赏有加，也有惋惜之意，觉得苗德岁如果在国内发展，必成中国古生物界栋梁之材。

2006年到2015年，我担任现代古生物学和地层学国家重点实验室主任时，实验室有一本英文学术刊物《远古世界》，我是主编之一。苗德岁不仅是该刊编委，而且应邀担任英文编辑，我们之间有了更多的合作和交流。我逐渐地称他“老苗”，时常请他帮忙给我的稿子润色，因为他既懂英文，又懂古生物，特别能理解我们中国人写的古生物稿子。我很幸运认识了老苗。

老苗其实没有比我大几岁，但在我的心中，他总是像上一辈的长者，因为他的同事都是老一辈古生物学家，是我的老师们。

近年来，老苗转向了科普著作的翻译和写作，让人感觉突然变得一日千里，他的文笔、英文功底都得到了充分发挥，翻译、科普著作、翻译心得等层出不穷。我印象最深的是他翻译了达尔文在1859年发表的巨著《物种起源》，感觉他对达尔文的认知已经远远超出了文字本身的含义，他对达尔文的思想和探索精神也有深刻的理解。

我从事地质工作最初并不是自己喜欢的选择。1978年，我报考了浙江燃料化工学校的化工机械专业，由于选择了志愿“服从分配”，被招生老师招到了浙江煤炭学校地质专业。当时，我回家与好朋友在一起时都不好意思提自己的专业——地质专业当年被认为是最艰苦的行业，地质队员“天当房，地当床，野菜野果当干粮”的生活方式让家长和年轻人唯恐避之不及。

中专毕业以后，我被分配到煤矿工作，通过两年的自学考取了研究生，从此真正地开始了地球科学的研究。宇宙、太阳系、地球、化石、生命演化等词汇逐步变成我的专业语汇。我一开始到了野外，对采集到的化石很好奇，还谈不上对专业的热爱，慢慢地才认识到地球科学充满了神奇。如果我们把层层叠叠的岩石露头（指岩石、地层及矿床露出地表的部分）比作一本书的话，那么岩石里面所含的化石就是书中残缺不全的文字；地质古生物学家像福尔摩斯探案一样，通过解读这些化石来破译地球生命的历史，回顾地球的过去，并预测地球的未来。

光阴似箭，转眼间40年过去了，我从一个学生成为一位“老者”。随着我国经济实力的增强，地球科学的研究方式也与以往不可同日而语。由于地球科学无国界，我不但跑遍了祖国的高山大川，还经常去国外开展野外工作。实际上，越是美丽的地方、没人去的原野，往往越是我们地质工作者要去的地方。

近些年来，野外的生活成了城市居民每年都在盼望的时光，他们期盼到大自然最美的地方去度假。相比而言，这样的活动却是我们地质工作者的日常工作。每逢与老同学聊天、相聚，他们都对我的工作羡慕不已。就像英国博物学家达尔文当年乘坐“贝格尔号”去南美旅行一样，过去“贵族”所从事的职业成了如今地质工作者的日常工作。

40多年的工作经历使我深深地感受到，地球科学是最综合的科学之一，从数理化到天（文）地（理）生（物）的知识都需要了解。地球上的大陆都是在移动的，经历了分散—聚合—再分散的过程，并且与内部的物质不断地循环，火山喷发就是其中的一种方式。地球的温度、水、大气中的氧含量等都在不停地变化，地球还有不断变化的磁场保护我们。地球生命约40亿年的演化充满了曲折和灾难，有生命大爆发，也有生物大灭绝，要解开这些谜团，我们需要了解地球；而近年来随着对火星、月球的探索加强，我们更加觉得宇宙广阔无垠，除了地球，还有更多需要我们了解的东西。

我小时候能接触到的优秀科普书籍极少，因而十分羡慕现在的青少年，能够有幸阅读到像苗德岁先生这样的专家学者为他们量身打造的科普读物。苗德岁先生的专业背景、文字水平和讲故事能力，使这套书格外地与众不同。希望小读者们在学习科学知识的同时，也学习到前辈科学家孜孜不懈地追求真理的科学精神。

给少年朋友的话

苗德岁

在《地球史诗》与《生命礼赞》中，我们已分别讨论了地球的起源与生命的起源问题。生而为人，恐怕我们最感兴趣的还是人类自身的起源问题。

我们是谁？不同的人有不同的答案。英国大文豪莎士比亚对人类的高贵极尽赞美之词：“人类是一件多么了不得的杰作！多么高贵的理性！多么伟大的力量！多么优美的仪表！多么文雅的举动！在行为上多么像一个天使！在智慧上多么像一个天神！宇宙的精华！万物的灵长！”法国思想家布莱兹·帕斯卡尔则认为：“人只不过是一根芦苇，是自然界中最脆弱的，但是，人是能够思想的芦苇。”古希腊哲学家亚里士多德说，人是一切动物中最能获得丰富技艺的动物。

中国古人崇尚“天人合一”的思想，古代诗人常常把大自然与人融为一体：“相看两不厌，只有敬亭山。”“举杯邀明月，对影成三人。”“我见青山多妩媚，料青山见我应如是。”瞧，李白、辛弃疾等古代文学家俨然把自身融入了山水日月之间，混为同类——山水有了生命，人则是自然的一部分。

以上我引用的名言及古诗词里，除了莎士比亚的话有点儿把人“神化”，其余人都把人类视为自然的一部分或自然的产物——后者更接近科学家的观点。

“我们从哪里来”这一问题，是英国博物学家达尔文首先给出了答案。他在1871年出版的《人类的由来及性选择》一书，是当时石破天惊般的革命性著作。在书中，他首次把人类的起源与演化带入了科学探索的领域。尽管他手中并没有任何古人类化石的直接证据，但是他利用大量的间接证据，有力地阐明了人类是古猿的直接后裔，并且大胆地预测：人类祖先的化石埋藏在非洲大陆。100多年来的科学进展，尤其是分子生物学与古人类学的研究表明，达尔文的论断与推测是正确的。

在本书中，我将向你们讲述人类是如何从非洲古猿演化而来的，以详细了解我们究竟是谁，我们是从哪里来的，并一同展望我们将往何处去。

目录

三 寻找人类诞生的“伊甸园”

四 人类演化的踪迹

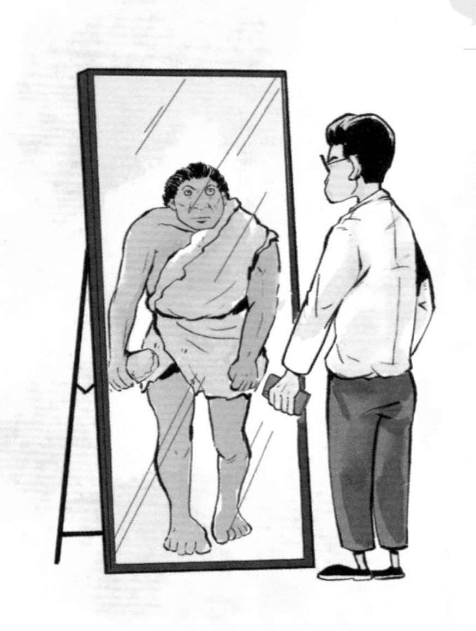

五 人类演化的启示

附录

达尔文一生中，做过两个惊世骇俗的大胆假设：一是“万物共祖”的理论——他在《物种起源》中进行了小心的求证，后来成为著名的生物演化论。

另一个大胆的假设，在《物种起源》的结尾处虽有暗示，却秘而不宣——这就是本章要介绍和讨论的人类起源于非洲古猿的理论。

对于人类由来的好奇与大胆假设，达尔文远非第一人。本章首先简要介绍在达尔文之前人们对这一问题做过的猜测和努力。

一　一个大胆的假设

○ 骆驼城墓群出土的魏晋时期女娲图壁画砖（现藏于高台县博物馆）

达尔文之前

探索人类的起源与演化问题，在达尔文之前早已开始。人类是世界上最具好奇心的动物，早就在琢磨自己是谁，自己是从哪里来的。

关于人类的由来问题，在早期，世界上不同的民族和文化形成了各自关于人类起源的传奇版本。

你一定听说过，中国古代有个女娲造人的神话传说：古时候，有个神仙女娲，感到自己在世上形单影只，便照着自己的模样，用黄泥捏成一个个小人，然后吹口气，让它们都活了。古埃及人则相信第一个人是克奴姆大神在陶器作坊里用泥巴雕塑而成的。新西兰的土著认为人是神仙用红土与其他原料混合后捏出来的。在苏美尔神话及非洲约鲁巴人的传说中，同样有泥巴塑人的故事。

原始文化中的人类起源神话传说总是与泥巴塑人有关，大概因为泥土材料是现成的，也由于小孩捏泥人玩是常见现象吧。

无论何种神话传说，关于人类起源的问题都有两个共同特点：第一，最初的人都是神仙或造物主创造的，所用材料主要是泥土和水；第二，最初的人是创造者按照自己的模样塑造而成的，亘古如是，跟我们现在的样子没有多大变化。

不过，早期的博物学家并不满足于上述说法，他们开始根据自己的经验，做出各种各样的猜测。囿于时代发展或宗教禁忌，他们对人类由来的认识也是逐渐发展起来的。

瑞典分类学家林奈在《自然系统》中，把人类与很多四脚兽类放在同一个纲里——哺乳

走近科学巨匠

林奈建立了动植物命名的双名法，是近代植物分类学的奠基人。他自幼喜欢植物，长大后进入动植物研究领域。他首先提出界、门、纲、目、属、种的物种分类法（尚未设置“科”），被后世广泛采用。

了解科学元典 

《自然史》是18世纪法国博物学家布封的巨著，涉及地球史、动物史、人类史、鸟类史等主题，其中的篇章《松鼠》被选入人教版小学课本。随着科学的发展，《自然史》的科学价值有所减弱，但在文学性上值得我们一读再读。

动物纲；并且，在哺乳动物纲之下，专门建立了灵长目，将人类与猴子、猿类甚至树懒放在一起。

因此，像亚里士多德一样，林奈把人类跟动物放在了一起。

其后，法国博物学家布封在《自然史》中进一步指出，人类与动物的血肉之躯都是由骨骼、肌肉、血液、神经构成的，它们都能四处活动。然而，只有人类能够适应地球上各种不同的气候和环境条件，其他动物只能生活在其体能可以适应的、特定的气候与环境条件下。如果把热带与亚热带的动物放到寒冷地区，它们就难以生存下去。人类之所以能部分地征服自然，是因为他们具有高度的社会性。这种社会性可以充分发挥每个人的能力，并把个人的力量化为集体的力量。

布封在书中强调，人类的智慧能够战胜自然界的恶劣环境，哪怕最愚笨的人也能掌控最聪明的动物，我们靠的不是力量，而是智慧。这是因为，人们有目标，有计划，有驯服动物的各种手段；相形之下，再聪明的动物也驯化不了另一种动物。

○ 人类驯化的几种动物

走近科学巨匠 

拉马克最先提出生物进化的学说，是进化论的倡导者。他是博物学家，是无脊椎动物学的创始人，著有《动物学哲学》《法国植物志》《无脊椎动物的系统》等。

布封进一步强调，人类的思想（包括智慧、记忆力与想象力）和语言两大“特质”是人类独有的“天性”，它们使我们与动物有了天壤之别，也使我们最终脱离了动物界。由此，在新的意义上，布封又把人类与动物划分开来。

1809 年，法国动物学家拉马克在《动物学哲学》一书中，根据人和猿外表上的相似性，大胆地指出人类起源于类人猿。不过，拉马克这时只是放出一点儿“口风”罢了，人猿共祖的理论有赖于更多证据的支持。

最早提出人猿共祖假说的，是英国博物学家赫胥黎。1863 年，赫胥黎出版了《人类在自然界的位置》，在书中，他从人类与其他灵长类动物（尤其是猿类）身体结构（特别是大脑）的密切相关性、生理与行为的高度相似性等多方面罗列证据，把达尔文的生物演化论直接运用到人类起源的讨论中去。

达尔文从 1837 年就有了以自然选择为主要机制的生物演化论想法，并坚信：人类的出现也是受同一法则支配的，完全用不到超自然力量（“神力”）的干预——这里面根本没有造物主啥事儿！不过，达尔文心知肚明，维多利亚时代的读者也能一眼看穿，他要彻底否定造物主的存在，这在当时是大逆不道的异端邪说。正因此，达尔文才迟迟不敢发表自己有关人类起源的观点。

达尔文如是说

在《物种起源》里，达尔文详细论述了“万物共祖”的理论，但对人类自身的起源一直避而不谈。只是到了结尾处，才一笔带过地写道：“人类的起源及其历史，也将从中得到启迪。”真可谓“千呼万唤始出来，犹抱琵琶半遮面”。

尽管如此，维多利亚时代的读者心里十分清楚：达尔文这是在暗示人类自身并不是造物主创造的自然界“宠儿”，也和其他生物一样，都是从“先前”的低等物种演化而来的。

《物种起源》出版后，尽管达尔文的生物演化论受到了宗教势力的激烈反对，但经过近十年的观望，达尔文发现自己的理论已经被越来越多的人接受，似乎讨论人类起源不再是大逆不道的事了。正如他在给一位朋友的信中坦白的：“倘若我继续隐瞒自己关于人类起源的观点，反而是一种虚伪和讽刺了。”

更有意思的是，曾经不完全接受达尔文无神论学说的好友、地质学家莱伊尔博士，竟在此时著书讨论人类的史前历史了。这

走近科学巨匠

莱伊尔是英国地质学家，他长期在欧洲各地野外考察，认为地球的变化是各种外力长期、缓慢作用的结果，提出了著名的“将今论古”原则。他的代表作《地质学原理》为地质学专业必读书目，也曾深刻影响了达尔文的科学研究与生物演化论的建立。

令达尔文惊奇不已。他在给莱伊尔的信中开玩笑说：“过去您劝我在讨论人类起源时要谨慎，现在我可得一百倍地回敬您：讨论人类起源问题，您必须谨慎啊！”

由此可见，在科学同行与好友面前，达尔文从来没有掩饰自己的想法。只是面对公众，他需要等到“瓜熟蒂落”“水到渠成”时，才能亮明自己的观点。为此，他发表《物种起源》之后，又等了将近十年。

1868 年，达尔文终于写完《动物和植物在家养下的变异》，之后立即动手撰写关于人类起源的书。他用了足足三年，完成了一部长达 1000 页的巨著——《人类的由来及性选择》，于 1871 年出版。

令人颇为意外的是，在这部皇皇巨著中，只有前面不到三分之一的篇幅是讨论人类起源的。达尔文从形态结构、生理特征、胚胎发育、痕迹器官等多方面，比较了人与哺乳动物（尤其是高等猿类）之间的高度相似性，说明了人类与哺乳动物（尤其是高等猿类）的系谱联系。

举个例子。人类的骨骼特征跟高等猿类的十分相似，如果把人类的骨架跟高等猿类（类人猿）的骨架摆在一起，二者的相似性显而易见。在人的胚胎发育过程中，先后出现了鱼类的鳃裂、四足动物的四肢位置、灵长类尾巴的尾骨等各个不同阶段的特征。在少数人身上，留有一些“返祖”特征，比如13对肋骨（猿类肋骨的通常数目，大多数人只有12对肋骨）、皮下肌肉能像牛的身体一样抽动皮肤、耳朵能像狗那样转动，甚至有浑身长毛并生有小尾巴的“毛孩”，等等。

了解科学元典

在达尔文的众多著作中，《人类的由来及性选择》被视为《物种起源》的姊妹篇，是达尔文最重要的两部著作之一。著名心理学家弗洛伊德称其为“人类历史上最重要的十本书之一”。

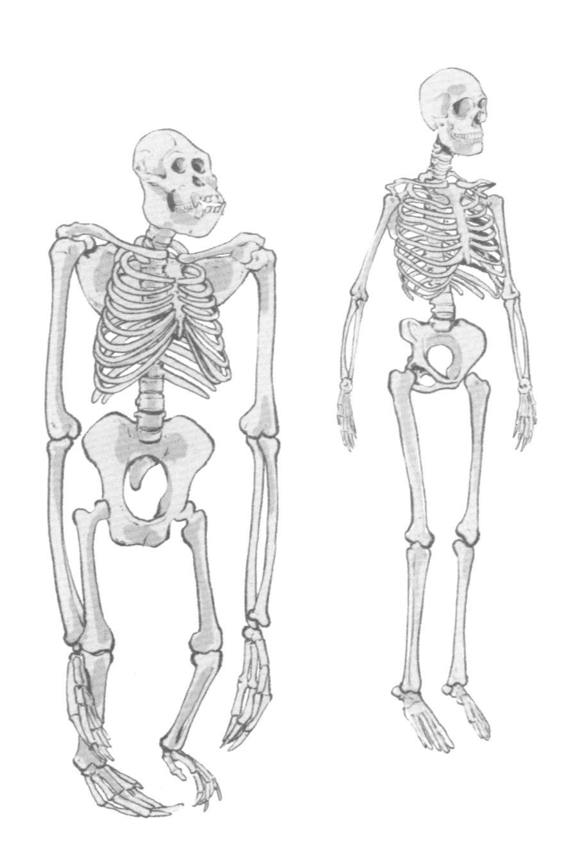

○ 高等猿类骨架与人类骨架对比图

此外，达尔文还深入讨论了人与动物在心理、心智方面的相似性和联系。尽管有些人类的心智是独有的，但几乎都可以在动物身上找到它们起源的“蛛丝马迹”。

达尔文列举和分析了上述大量事实、证据之后，进一步讨论了人类是如何起源于动物的。他坚持认为自己的自然选择理论同样解释了人类起源于动物的事实，比如我们手和腿的构造就是在生存斗争中适应环境的结果，是在自然选择驱动下，从类人猿的前后肢演化而来的。

达尔文初到南美洲的时候，发现那里现已完全灭绝的大懒兽（大地懒）等化石与现生的树懒十分相似。他还发现，在巴西的洞穴里，有很多灭绝了的物种，其个头大小与骨骼形态跟现生的物种也非常相近。

○ 人、树懒、大地懒大小对比图

树懒

树懒栖息于潮湿的树林中，喜欢抱着树枝爬行或倒悬在树上，吃树叶、嫩芽、果实，行动缓慢。树懒分为二趾树懒（前肢有两趾，后肢有三趾）和三趾树懒（前后肢均为三趾）。

大猩猩

大猩猩是灵长类中体形最大的种，主要分布于赤道非洲，站立时高 1.3 ～ 1.8 米，雌性体重 70 ～ 120 千克，雄性体重 140 ～ 275 千克。它们其实是性情温和的素食动物，并且结群生活。大猩猩发怒或面对威胁时大声咆哮，双手捶打胸部，只是一种虚张声势的恐吓行为。

同样，当他到了澳大利亚，发现那里的哺乳动物化石也与当地现生的有袋类相似，而与其他大陆上的化石或现生哺乳动物大不一样。

于是，达尔文推断：物种并不是固定不变的，而是经历了逐渐演化，这些化石中的一些物种或许就是现生物种的祖先。

更有趣的是，达尔文由此做出了另一个推断：在没有跨越大陆迁徙的情况下，一般来说，生物的祖先和后裔是生活在同一个大陆上的。正是根据这一推断，他在没有任何古人类化石证据的情况下做出了一个“大胆假设”：人类起源于非洲一种灭绝了的古猿，而遗留下来的人类近亲应该是依然生活在非洲的黑猩猩与大猩猩。

达尔文“小心求证”所依据的证据，基本上来自两方面——形态与行为。然而，100 多年来的科学研究表明，达尔文的理论和预见是正确的。正因为他在《物种起源》中做了超量的“小心求证”，才能在其巨著《人类的由来及性选择》中自信地表示：他的人类起源理论所依据的基础将是无可撼动的。

达尔文把人类自身放在灵长类的谱系树上，阐明我们跟猿类的亲缘关系非常接近，二者没有本质上的不同，这就足够了！

我们知道，实践是检验真理的唯一标准。

达尔文在《人类的由来及性选择》中小心地求证了有关“人类起源”的大胆假设，其不遗余力、全面透彻的程度，不能不令人叹服。

本章详细介绍了达尔文在求证时罗列的各种证据。他“上穷碧落下黄泉”，找到了许多让人信服的解剖学、胚胎学、生理学和心理学等方面的证据，但在古人类化石证据奇缺的情况下，他的证据依然属于“间接证据”。尽管如此，达尔文严谨治学的精神一直为人称道，也值得我们学习。

二　达尔文的证据

我们身上的动物元件

在达尔文之前的时代，生命科学还处在萌芽阶段。那时，人们对自身的认识有限，难免觉得咱们人类跟其他生物之间的差别很大。加上宗教、迷信的宣传，人类便视自己为万物之灵，认为我们是造物主特别创造出来的，是主宰地球的宠儿，与其他动植物没有任何关系。

到了达尔文生活的时代，有些科学家（尤其是解剖学家）逐渐对上述信念产生了怀疑，连达尔文的“宿敌”、有神论者欧文，也在解剖学研究中发现了脊椎动物形态结构的统一型式。

脊椎动物包括我们熟悉的鱼类、两栖类（如蛙类、蝾螈）、爬行类（如龟、蛇、蜥蜴、恐龙）、鸟类及哺乳类（如鼠类、猫、狗、马、牛、羊、猴子）。脊椎动物的共同特征是背部从前到后有一条支撑身体的脊柱（由许多脊椎骨连接在一起组成，上端接颅骨，下端达尾椎）。

下次你吃鱼的时候，可以注意一下，鱼背部的那条长刺是由鱼的脊椎骨组成的，相当于我们背部的脊柱。鱼类只有头与尾，没有四肢，因此不能走路。

两栖类开始分化出四肢，这与鱼鳍内的骨骼是同源的。哺乳类除了具有头部和四肢，体表几乎都覆盖着毛发，都是胎生，身体的腹面长着乳头，幼儿靠母亲哺乳喂养。

○ 鱼的骨骼。头尾之间的中轴骨骼——脊柱是由若干脊椎骨组成的。

同属于灵长目的猴子、猿类与人类，四肢各有五个手指或脚趾，上面生有手指甲或脚指甲，五指可以对握着攀缘或抓东西，一般只有一对乳房且通常一胎只生一子，鼻子与嘴不像其他哺乳动物那么长及向前突出，脑量（颅容量）较大，一般具有不同程度的立体视觉，等等。

总之，我们浑身上下都是由动物身上的元件组装起来的！

在人类的身体构造方面，达尔文特别强调，人类是按照其他哺乳动物的模型构成的，即欧文所说“形态结构型式的统一性”。人体骨骼中的所有骨头，都可以与猴子、蝙蝠或海豹身上的某处骨头相对应。人类的肌肉、神经、血管及内脏，跟其他哺乳动物身上的也能一一对应起来。人体最重要的器官——大脑，也遵循

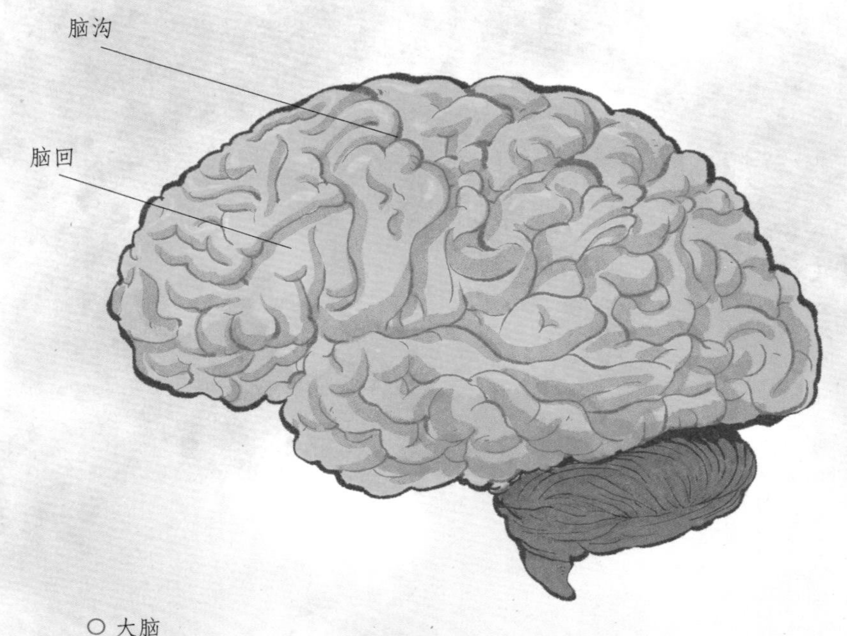

○ 大脑

大脑皮层上的沟壑越多，说明大脑越发达。如果两种动物大脑皮层的沟壑分布相似，说明两种动物之间的亲缘关系相近。

同样的法则。连一位反对达尔文生物演化论的解剖学家也承认，人类大脑的每一条主要褶皱都与猩猩的相似。

此外，达尔文还补充了与身体构造没有直接或明显关系的几点证据，来进一步阐明人类与低等类型存在一定的亲缘关系。

举个例子。人类容易从一些动物身上感染天花、鼻疽、霍乱及疱疹等疾病。现在，我们还知道艾滋病、SARS（传染性非典型肺炎）和许多流感病毒也是从其他哺乳动物或鸟类身上传染给人类的。这说明，在组织和血液的细微结构方面，这些动物与我们也是高度相似的。

达尔文还引述了一项对巴拉圭卷尾猴的研究，发现它们容易患跟人类一样的黏膜炎，有同样的症状，比如经常复发会导致肺结核病。并且，用在人类身上的药物能对它们产生同样的效果。另外，它们也会患肠炎、中风和白内障等疾病。

最有趣的是，达尔文发现很多种类的猴子对茶、咖啡和酒有强烈的嗜好，跟人类一模一样。非洲东北部的土著人会以浓啤酒为诱饵，把狒狒灌醉，然后捕捉它们。这些例子显示了猴子与人类的味觉神经是相似的，并进一步显示二者的神经系统受到的影响何其相似。

猿猴与我们之间的很多相似性是显而易见的，这就是为什么在动物园的猴山处，人们（尤其是小朋友）聚集围观的特别多，因为它们所做的那些搞笑动作和行为跟人类自身太相像了！

据说，1842 年，当英国维多利亚女王头一次在伦敦动物园见到红毛猩猩“珍妮”的时候，极为震惊，感叹道：“天哪，它长得多么像人啊，这太可怕了！”在她看来，高贵的人类怎么可能跟猩猩相似呢？这太令人难以接受了。

达尔文在写作《人类的由来及性选择》时，也常常去伦敦动物园观察和研究猩猩的行为。对于达尔文来说，猩猩与我们在行为上的诸多相似性是自然而然的——这正说明它们与我们之间有密切的亲缘关系。

○ 红毛猩猩

达尔文在书中还指出，人类的内脏会感染寄生虫，时常因此患病甚至死亡，并且受到外部寄生虫的侵扰；而这些寄生虫跟感染其他哺乳动物的寄生虫属于同一个科、同一个属，甚至同一个种。这一点已经被现代微生物学研究证实：人类肠道中的寄生虫跟猿类肠道中的寄生虫，很多都是同属同种的。

胚胎发育与痕迹器官的启示

在胚胎发育方面，人类与其他哺乳动物（尤其是猿类）也有很多相似之处。

人类的胚胎和其他动物的胚胎一样，都是从单个受精卵发育而成的。人类胚胎在发育阶段的早期，跟其他脊椎动物几乎无法区分开来。这时候的动脉延伸为弓形分支，像在鱼类体内一样，把血液送到鳃的位置；此时，肺还没有形成，虽然人类及其他高等脊椎动物的鳃已完全消失，但在胚胎发育的初期阶段，其颈部两侧还留有鳃裂，标志着它们先前的位置。

在这一阶段，人和其他脊椎动物的胚胎都只有头部和尾巴，中间贯穿着一条长长的发育中的脊柱；这时还没有分化出四肢，看上去跟鱼一样。

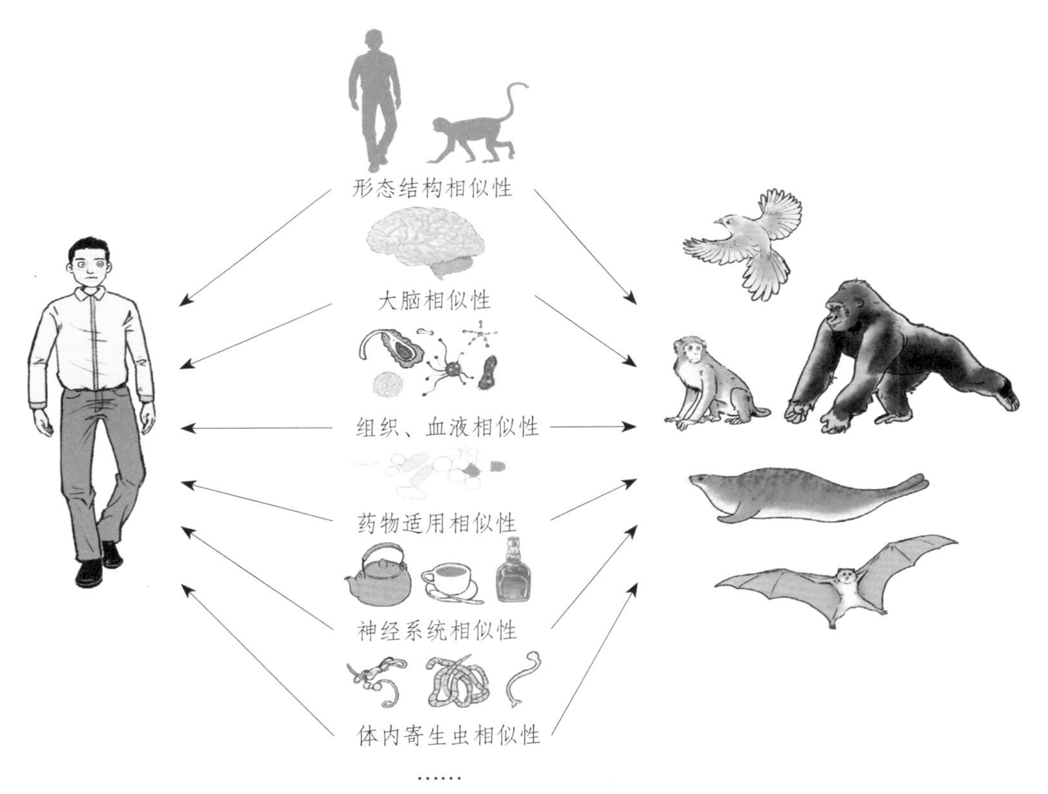

○ 人类与动物相似性的体现

当四肢开始发育时，爬行动物和哺乳动物的脚、鸟类的翅膀和足，以及人的手和脚，都是以同一个型式生长发育的，因而称为“四足动物”。这就是脊椎动物中没有三足、五足或六足动物的原因。

赫胥黎发现，在胚胎发育相当晚的阶段，人类幼儿与幼猿才有比较显著的差别。而猿在胚胎发育晚期跟狗的差别，就像人在胚胎发育晚期跟狗的差别一样大。

此外，人类的胚胎具有类似低等脊椎动物一些成体的构造特征，比如心脏最初只是一个简单的搏动管，没有心房与心室的区分；排泄物通过单一的泄殖道排出；尾骨突出，像一条真尾，等等。动物学家阿加西曾经忘记给一个装有某种脊椎动物胚胎的瓶子写上标签，后来无法辨识它究竟是哪一类脊椎动物的胚胎。这种胚胎的相似性也反映了它们具有共同祖先。

因而，达尔文同意并重述赫胥黎所说的：人类的起源方式及其早期胚胎发育阶段，与低等脊椎动物是完全相同的。从胚胎发育方面看，人类与猿类的亲缘关系，远比人类与狗的亲缘关系要近。

走近科学巨匠

路易斯·阿加西是19世纪美籍瑞士裔植物学家、动物学家和地质学家，以冰川研究闻名，提出冰期学说，改写了西方对于大洪水传说的认识。他是美国哈佛大学比较动物学博物馆的创建人。他跟欧文一样反对达尔文学说，但仍为公认的科学巨匠。

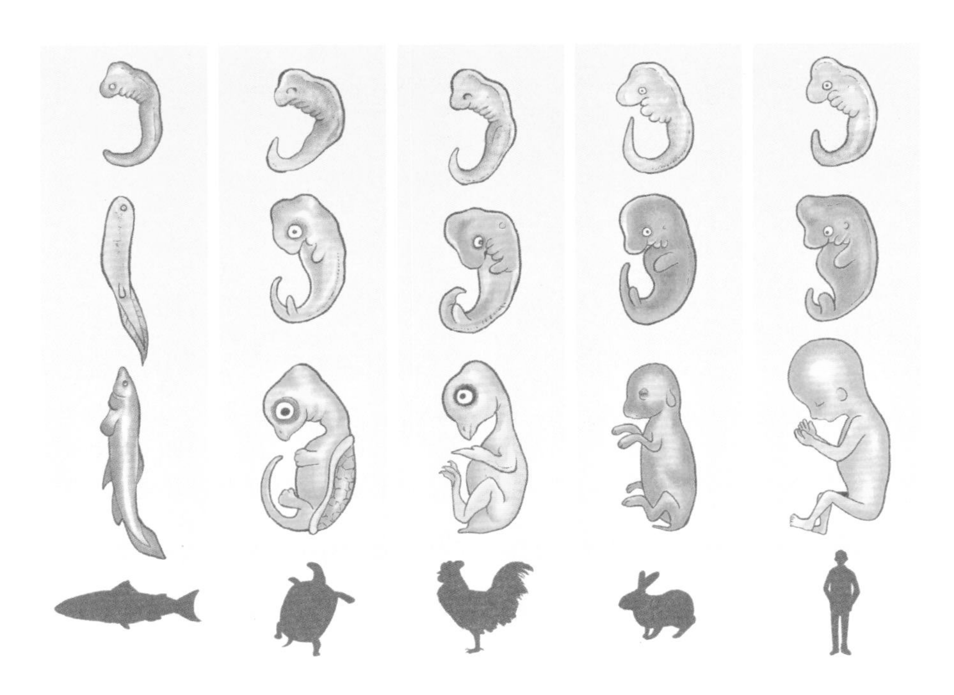

○ 人与动物胚胎发育示意图

除了胚胎发育相似，人类身上的很多痕迹器官也与哺乳动物身上的器官相对应。

痕迹器官是指有些器官在其他动物身上很发达，在我们身上却减小了，退化了，或成了“摆设”，如我们身上的尾骨、智齿、阑尾等，又如男性的乳房。其他动物身上也会有痕迹器官，比如蛇与鲸虽然没有了腿，体内却留有骨盆与后肢的残迹；又如，牛的上牙床生有永远不会穿出齿龈的门齿（俗语“牛无齿”）。

人虽然没了尾巴，却依然生有小小的尾骨——这是尾巴留下的残迹。人类身体表面的毛发大多退化了，然而皮肤下面原来牵毛孩指面部或全身生有长毛的人。一般认为，产生这种现象的原因是生殖细胞控制毛发正常发育的隐性基因发生突变，变成多毛的显性基因。

动毛发的神经和肌肉还在，因此，我们受到外部环境刺激（比如惊吓）时，身上会起“鸡皮疙瘩”，像其他哺乳动物的毛发会竖起来一样。

事实上，极个别的人还生有小小的尾巴或浓厚的体毛，比如大家听说过的“毛孩”，这种情形又称为“返祖现象”。这些也是人类从动物演化而来的间接证据。

在《物种起源》中，达尔文曾把退化的痕迹器官比作英语单词里一些不发音的字母——这些字母早先发音，随着语言文字的演化，现在不发音了，但依然保留在单词的拼写中。语言学家可以据此追溯某个单词的来龙去脉。同样的道理，进化生物学家利用痕迹器官，来追寻人类与其他动物的亲缘关系。

人体的许多部分还留着处于残迹状态的肌肉。马和牛都有抽动皮肤的能力，这是由它们皮下的肉质膜来完成的。我们体内也残存着许多类似肉质膜的肌肉，比如我们的前额肌肉能让眉头皱起来，故能“横眉冷对千夫指”。个别人的胸骨肌与肉质膜非常近似，而不是腹直肌的延伸。此外，我们腋下等处的肌肉束，也与肉质膜相关。

达尔文记录过一位族长的特殊能力，此人在幼年时能够仅靠头皮的动作就把顶在头上的几本沉重的书扔掉，并用这个把戏跟别人打赌。许多种类的猴子都有这种本事，它们能够自如地充分移动头皮，《西游记》里的孙大圣也有这个本领呢！

还有的人能够随意地扇动自己的耳郭，也是借助这种残迹肌肉。很多动物能往不同方向移动自己的耳朵，以便觉察危险来自何方。由于人类的祖先曾长期生活在树上，显然不再有这个需求，耳朵便逐渐退化，但还是留下了残迹，因此个别人依然能够轻微地移动耳朵。

你注意过吗，我们耳朵的上后侧有一个小的结节。如果你对着镜子仔细看，会发现在自己耳郭的外缘向内折叠的地方（耳轮）有一个向内（朝着耳朵的中心）突出的钝点。这个钝点在黑猩猩及一些猴子的耳朵上也清晰可见。

达尔文认为，耳朵上的钝点或结节也是其他灵长类动物以往

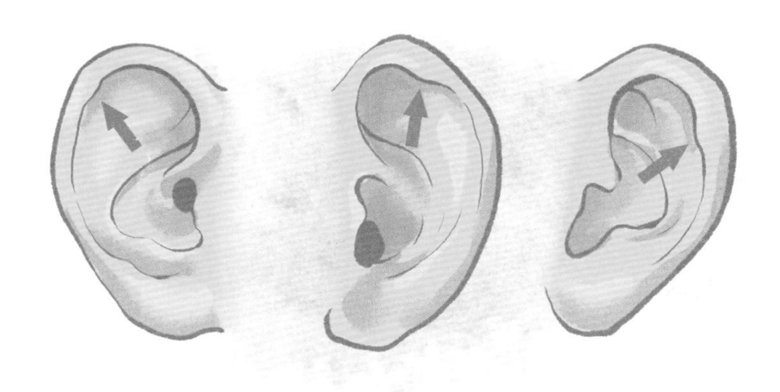

○ 达尔文结节

状态的残迹。后来，这个钝点被人类学家命名为“达尔文结节”（又称“达尔文点”），以纪念达尔文的贡献。

智齿的麻烦

有一句无厘头的老话说：“聪明伶俐二十八，糊里糊涂三十二。”这是由于有的人生有 28 颗牙，另一些人则生有 32 颗牙，上述说法认为长 28 颗牙的人比长 32 颗牙的人聪明。我之所以说它无厘头，是因为这一说法没有任何科学依据。

不过，有的人生有 28 颗牙，另一些人生有 32 颗牙，却是事实。这些牙齿是如何排列的？为什么两种排列方式之间会差整整 4 颗牙呢？

牙齿是人体的重要部件，我们依靠它们切割、咬碎和咀嚼食物，完成吃东西的第一步。人的一生中其实有两套牙齿（称为“二出齿”）：小时候长出来的第一套牙齿叫“乳齿（乳牙）”；在长大过程中，我们会换牙，原来的乳齿脱落，被另一套叫作“恒齿（恒牙）”的牙齿取代。儿童牙床短小，乳齿总共只有 20 颗；换牙之后，成年人最多有 32 颗恒齿，但也有不少人终生只有 28 颗恒齿。这是怎么回事呢？

恒齿按照形状和功能的不同，分为门齿（切牙）、犬齿（尖

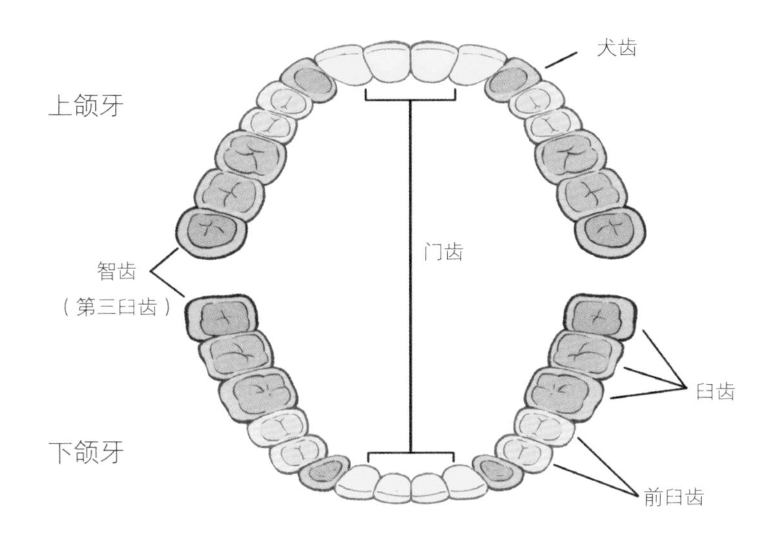

○ 32颗牙齿的形态和功能分类示意图

牙）、前臼齿（双尖牙、前磨牙）和臼齿（磨牙）。按照上下颌（牙床）分的话，上下的齿数是均等的，由于人体左右对称，所以两侧的齿数也是均等的。

一般来说，左上牙床从前到后有两颗门齿、一颗犬齿、两颗前臼齿和三颗臼齿，其中最后一颗臼齿是智齿。智齿比其余牙齿冒出来得晚，不少人的智齿压根儿不会冒出来。

其实，每个人都有 32 颗牙齿，只是有些人的智齿（位置在两排牙齿的尽头，上下左右共 4 颗）终生不会从牙床里冒出来，看起来只有 28 颗牙齿。这又是为什么呢？

在人类的早期演化阶段，尽管也有原始人食用动物肉和骨髓的证据，但食物构成中主要是植物；在使用火之前，动物肉也是吃生的。由于坚韧、粗糙食物的磨耗，牙齿的高度和宽度逐渐减小，后面牙齿才有足够的空间逐次向前移动，从而使最后一颗臼齿能够在 16 岁左右就开始冒出。随着火的使用，用火加工过的肉类及植物块茎变得松软，减轻了牙齿的磨损，后面的牙齿便没有足够的空间冒出来了。

另一方面，在人类演化过程中，随着食物的不断精细化（煮过的食物更容易咀嚼），牙床咀嚼食物的咬合力也逐步减弱，使颌部用力减小，其发育程度随之减弱。因而，现代人类的下巴远不像古人类那么向前突出，这也不可避免地缩小了后面牙齿的生长空间。

由于人人都有智齿的牙胚，随着颌骨逐渐缩小，智齿冒出来的时间也相应推迟到成年之后（甚至一辈子不冒出来）。由于人

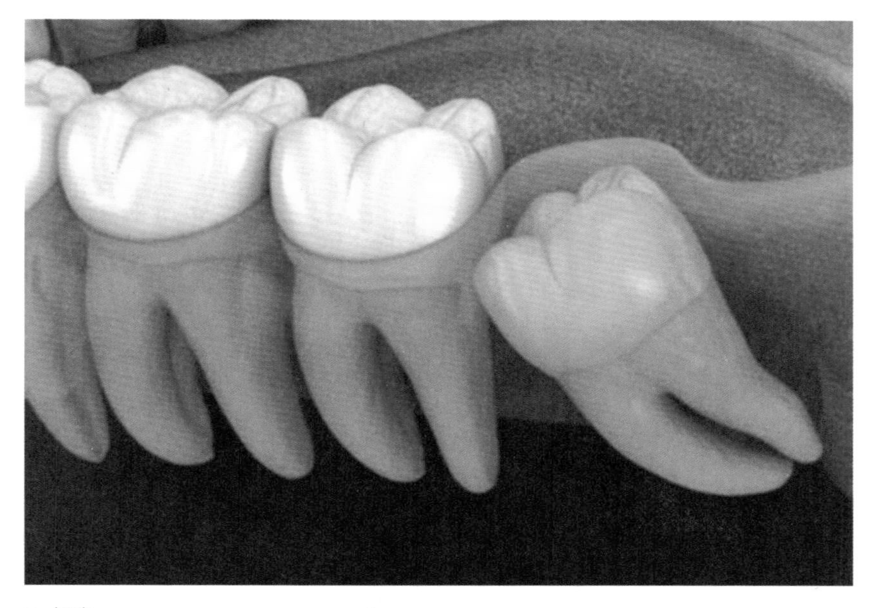

○ 智齿

成年后变得更为睿智，最后冒出的这 4 颗臼齿便称为智齿，暗喻它们是智慧增长带来的——这跟我们是“智人”人种没有关系。

回到本节开头那句无厘头的老话，事实上，正是由于人类智力的演化（脑量的增大以及食物的精细化等），使智齿没有空间冒出来。看来，牙齿数目的减少似乎与人类智力的进步有关。当然，不同个体的齿数多少（28 或 32）不能用来作为判断聪明和愚笨的标准。在现代，青少年拔智齿已经不稀奇，主要是不让它们挤占前面牙齿的生长空间，也为了避免成年后智齿突然冒出来引发的疼痛。

我们不是猴子变来的

反对达尔文生物演化论的人，常常拿猴子说事儿，硬说达尔文认为人类是由猴子变来的——其实他从没说过这样的话。《物种起源》出版后，当时英国报纸上的很多漫画都把达尔文画成了猴子模样，故意丑化他。

○ 被丑化的达尔文形象

在《物种起源》一书的结尾，达尔文虽然暗示了人类是从先前的动物逐步演化而来的，但他从来没有说过“人类是从猴子变来的”这种话。

人猿共祖的理论起先是赫胥黎明确提出的，他是达尔文学说的支持者和捍卫者，四处宣讲达尔文的生物演化论，并于1863年把他的演讲整理成书出版，书名叫《人类在自然界的位置》。

在书里，赫胥黎运用达尔文学说，把人类与灵长类的身体构造做了详细的比较，包括头骨、四肢、脊椎、骨盆、牙齿、大脑以及躯干与四肢的比例等，清楚地显示了二者亲缘关系密切。换句话说，人类在自然界的位置应该跟灵长类动物安放在一起。

假如你愿意，就要记住大猩猩和猩猩之间，或者猩猩和长臂猿之间存在鲜明的界线，也同样完全缺失任何过渡类型。我说它存在鲜明的分界线，即使它稍微小些。根据人和类人猿在构造上的差别，而把两者分为不同的科是合理的；但是鉴于人科和猿科之间的差别要比在同一目中其他科之间的差别要小，因此如把人归为不同的目是不合理的。

——赫胥黎《人类在自然界的位置》

（北京大学出版社，2010年）

灵长类动物包括猴类与猿类，赫胥黎进一步阐明了人类与猿类，尤其是与黑猩猩、大猩猩等高等猿类的关系，二者骨骼形态的相似性更高，亲缘关系更为密切，而它们之间的差异远远小于猿类与猴子之间的差异。

因此，猿类是我们人类的近亲，人类和猿类极有可能是从同一个祖先分支演化而来的——那个共同祖先应该是古代的类人猿。

显然，无论赫胥黎还是达尔文，从来都不认为我们是由猴子变来的，他们的理论是：我们与猴子有共同的祖先，但类人猿才是人类的近亲，人类与猿类在很早很早以前就跟猴子在演化的道路上分道扬镳了，所以说，我们不可能是从猴子变来的。

在《人类的由来及性选择》中，达尔文进一步阐述了"人猿共祖"的理论，并为这一理论提供了更多的证据。

生物学在任何的教育方案中都应该有它的一席之地——一个重要的席位。没有生物学，学生将对生物一无所知，它是培养观察能力最好的学科。

——赫胥黎

我们常把"猿猴"二字合起来用，其实，"猿猴"是灵长类动物的通称，"猿"和"猴"是两个不同概念。简单来说，二者有什么区别呢？请看下页。

红毛猩猩
（人科）

大猩猩
（人科）

猿类

·体形一般较大
·没有尾巴
·大多数的胳膊没有腿长（长臂猿除外），行走时肩高于臀

长臂猿
（长臂猿科）

黑猩猩
（人科）

蜂猴
（懒猴科）

猕猴
（猴科）

猴类

· 体形一般较小
· 有尾巴
· 胳膊与腿长度差不多，行走时臀肩齐平，有时肩高于臀

狐猴
（狐猴科）

金丝猴
（猴科）

白头叶猴
（猴科）

心智发达是智人的重要特征

达尔文通过比较人类与动物（尤其是灵长类）身体构造的相似性，并从胚胎发育与痕迹器官方面获得的大量启示，已经颇为令人信服地论证了人类起源于动物的理论。

如果单是论述两类动物之间的亲缘关系，那么做了类似上述的深入比较之后，一般来说便有足够的说服力了。然而，对于论证人类与动物之间的亲缘关系来说，达尔文感到似乎还不足以说服那些长期以来信仰“神创论”的人们——因为他们坚信：人类是造物主精心创造的万物之灵。

林奈在命名人种的时候，称我们这个物种为“智人”。显然，人类心智的发生与发展，被视为我们区别于世间所有动物（包括具有一定智力的高级灵长类）的唯一标准。由于人类在心理和心智方面与其他动物差别明显：即使最高等的灵长类动物——猿类的心理活动与智力水平，跟没有进入文明社会的土著人比起来，也要简单很多，因此，达尔文接下来的任务，是试图论证人类的心理机能与智力跟动物之间存在着连续性，因而也是逐渐演化而来的，并非造物主专门为人类“量身定制”的。

达尔文首先比较了人类与动物共有的一些本能，比如母爱、幼儿（崽）的吃奶本能、趋利避害、自我保护等，并分析了人类的各种心理功能及其在动物身上不同程度的表现，包括情绪变化、

○ 趋利避害是动物的本能。图为一只羚羊试图逃脱猎豹的捕杀。

好奇心、注意力、想象力、记忆力、模仿性、抽象性、社会性、感知与理性、自我意识、道德观念、美感、语言、使用与制造工具的能力，等等。

达尔文进一步阐述，虽然人类与动物在上述方面差异极大，但主要是程度上的差异，而非本质的不同。相反，人类看似独特的各种情感和心理能力，其实已经在其他动物身上不同程度地表现出来了，或只是处于萌芽状态，并非人类所特有。有些动物的情感和心理能力甚至相当高，比如猫、狗等。

否则，人类为什么要养宠物呢？宠物通过与人类建立情感联系，帮我们驱除孤独。它们向我们表达依赖和爱意，令我们爱它们如爱亲人一般。小时候，我曾经读到，外国有些富足的老人将其巨额遗产留给自己的宠物，当时有点儿难以置信；现在完全能够理解：因为它们像子女一样亲密，而它们在主人身后，没有“自立”的能力——宠物是永远长不大的孩子。为了它们的幸福，主人宁愿把财产留给宠物，使它们在主人离开这个世界之后，依然有生活的保障。这背后是情感和爱的力量驱动的，正是由于它们具有高度的情感和心理能力，才使它们能够跟主人建立起相互热爱的心理纽带。

达尔文还通过对狼与狗的情感和心理能力的比较研究，发现它们的情感和心理能力也是遗传的，而且是逐渐演化而来的，并非造物主创造的。那么，是什么因素推动这种演化的呢？

答案依然是自然选择。

达尔文在《物种起源》里已阐明，不同生物个体在形态构造方面的变异，是生物演化的原材料，没有变异，生物演化就不可

能发生。老一辈解剖学家曾指出，内脏比外部器官更容易发生变异。同样，动物与人类的心理官能，也表现出明显的变异性以及丰富的多样性。

人类的不同种族、不同地域、不同个体之间，存在心理官能的变异性或多样性。动物也一样。养过宠物的人都知道：不同的猫狗，各有不同的“性情”，即展现出不同的心理官能和心智水平；动物园的饲养员也很清楚，每一只猴子都有自己独特的气质、脾气和秉性，在智力方面也存在差异。这种多样性（变异）一部分是先天的（遗传而来），一部分是后天所受待遇及“教育”的结果。

在家犬、家马等家养动物中，心理属性（各种心理特征）的遗传是显而易见的。除了特别的嗜好和习性，像智力、勇气、脾气好坏都是遗传的。动物在心智方面的差异，也会影响它们生存与繁衍的概率。我去买我们家的比熊小狗“盖茨比”时，在一窝比熊小狗中，我们一家三口不约而同地挑出它，正是因为它的表现让我们觉得它聪明伶俐又天真活泼！它们才刚刚满月，心智差异就很明显。

心理官能的演化证据

“人有悲欢离合”，动物也有喜怒哀乐。像人一样，低于人类的动物也会感到幸福、苦难、快乐和悲伤。就像小朋友们在一起嬉戏时会很开心一样，小狗、小猫、小羊在一起玩耍时，也会流露出明显的欢愉和幸福感。

动物不仅像人类一样在玩耍时会表现出幸福、激动的状态，也像我们一样在遇到敌害时会感到恐惧，并伴有心跳加剧、括约肌松弛、肌肉颤抖及毛发竖立等体征。勇敢、怯弱和狂怒等情绪在动物身上也有明显的表现，比如有些狗和马的脾气暴躁，另一些狗和马的脾气则很温顺。

达尔文听人讲述过猿猴会报复的真实故事，非常有意思：

在好望角，有一名军官经常虐待一只狒狒。一天，狒狒看到那名军官正在队伍中行进，急忙在他要经过的路边小坑里倒上水，和了一些稀泥。等军官走近时，狒狒抓起稀泥往他身上砸。这一举动引起人们哄笑，使军官非常尴尬和恼火，狒狒却一副幸灾乐祸的表情。更可笑的是，据说时隔很久，这只狒狒看到那名军官时，依然露出得意的神情，以表达自己终于“报了一箭之仇”的欢欣和快意。动物心理上的复杂情绪以及发泄这类情绪所表现出的智力发达程度，的确令人叹为观止。

动物心理官能的复杂性，在狗的身上充分体现出来。狗的老祖宗是狼，在人类演化的早期，我们便“与狼共舞”。大约一万年前，人类成功地把狼驯化为狗。在洞穴的岩画上、古埃及的墓葬中，都发现了人类和狗为伴的证据。“化敌为友”后的人和狗，成了忠实的朋友。

早期人类的社会单元以及狩猎采集的生活方式，与狼群的结构有许多相似之处，这是他们能和睦相处的基础。一万多年以来，人与狗之间一直是“两厢情愿”的协作关系。狗对人的敬畏和崇拜，人对狗的爱怜乃至依恋，使二者的亲密关系十分稳固。

俄国大文学家陀思妥耶夫斯基在他的小说《被侮辱与被损害的》中，描写了一个老人和他的老狗的故事。

（可怜的老人）开始叫狗，可那条狗躺在地板上一动也不动，狗鼻子插在两只前爪中间，似乎睡得很香。

“阿佐尔卡，阿佐尔卡！”他用颤抖的、老年人特有的嗓音含糊不清地叫道，“阿佐尔卡！”

阿佐尔卡还是一动也没动。

“阿佐尔卡，阿佐尔卡！”老人满脸愁苦地连声叫着，并用拐杖碰了碰那条狗，可是它依然躺着不动。

拐杖从他手里掉了下来。他弯下腰，跪着用双手捧起阿佐尔卡的脑袋。可怜的阿佐尔卡，它已经死了。它就那样无声无息地死在了主人的脚下，也许是老死的，但也许是饿死的。

老人望了它一会儿，他十分惊讶，好像还没明白阿佐尔卡已经死了似的。然后他轻轻地向自己的奴仆和朋友俯下身去，把自己苍白的脸贴在狗脸上……

——《被侮辱与被损害的》

（上海三联书店，2015 年）

读到这里，怎能不令人潸然泪下呢？是啊，老人和他的老狗相依为命——人们养狗，大多也是因为害怕孤寂吧？

达尔文也搜集了大量有关狗的复杂心理官能的例证，许多饶有趣味。其中，首先是狗做梦。达尔文指出，在人类的所有心理官能中，想象力和理性堪称处于顶峰。同样，在动物复杂的心理官能中，想象力和推理能力（理性）也被视为最高级的能力。

想象力是把先前的意象与观念联合起来的能力，由此得到灿烂而新奇的结果。理性则是面临错综复杂的外部条件，进行判断、推演并做出机智决定的能力。这些需要通过积累经验才能学到，不是单靠意志就可以。比如人会做梦，这给了我们一个关于想象力的概念——所谓“日有所思，夜有所梦”。因此，做梦肯定是需要想象力的。

○ 一条似乎在做梦的狗

> 作家唯一做的一件事，可能就是做梦。
>
> ——刘亮程《文学是做梦的艺术》

达尔文指出，狗、猫、马、鸟类及多数高等动物都可以产生清晰的梦，它们在睡梦中的动作及发出的声音说明了这一点。确实，笔者家的比熊狗“盖茨比”就经常在睡梦中发出咯咯的笑声。做梦这件事，使我们对想象力有了一个具体的概念。

人们常说，你这是在做梦呐！意思是指有些人天马行空地想象出一些常人觉得不靠谱的事情来。

既然做梦不是人类独有的现象，那么，它是从动物祖先那里演化而来的，便不是什么痴言梦语了。同样，人类想象力乃至推理能力的演化也是如此。

动物会表现出踌躇、审慎及下决心等能力。研究动物行为的专家将这些习性更多地归因于理性的心理官能，而不是无意识的本能。狗的聪明和懂事，历来为许多养狗的人所津津乐道。作家刘亮程在《一个人的村庄》这部书里写道：“一条老狗的见识，肯定会让一个走遍天下的人吃惊。”

在北冰洋地区，人们发现拉雪橇的一群狗在遇到薄冰的时候，会立即分散开，而不是继

○《南极大冒险》电影剧照

续保持密集的队形，以便使它们的重量较为平均地分布，不至于压碎薄冰，并似乎以此警告主人：前面的冰已经变薄了，可能会有危险。在动物界，警告同伴危险将要来临的行为，是普遍存在的。

还有人注意到，当他带着两条狗穿越一片广阔且干燥的平原时，狗感到渴了，会多次冲往凹地去找水喝。那些凹地并不是溪谷，也没有一点儿湿地的气味儿，根本就没有水。它们这样做，好像“理性”地知道：水往低处流，低洼的地势可能是有水的地方。

寻回犬包括平毛寻回犬、卷毛寻回犬、金毛寻回犬、拉布拉多犬等。其中，金毛、拉布拉多也是常见的导盲犬品种。

寻回犬是一种猎犬，能跟随主人狩猎，跑出去把猎物叼回来，它们聪明、听话、稳重，并且知道叼猎物时用力的轻重。

举个例子。有一名猎人射伤了两只野鸭子的翅膀，它们落在小河对岸很远的地方，猎人示意他的寻回犬把它们取回来。那条狗一开始想把两只鸭子一起叼回来，然而没有成功。由于鸭子只是受伤，于是，寻回犬先把其中一只咬死、丢在一边，把另一只活着的先叼回来，再把那只死鸭子取回来。

此前，寻回犬遗传下来的习性是不伤害猎物，之所以先把其中一只鸭子咬死，是怕它逃走。显然，这是经过深思熟虑后的决定，显示了它的理性克服了固有习性。

狗能够理解主人手势的含义，是大家见怪不怪的现象。然而，在达尔文之后的科学家们研究发现：这其中涉及狗与人类的目光交流，以及它们分析和理解人类手势所要传达信息的能力，在这方面，它们比我们的灵长类近亲（如黑猩猩）更加高明。所以，我们千万不可小瞧狗的理解能力。

研究表明，实际上，狗的这类表现跟人类

婴儿十分相似。科学家做过一项实验，在地上放两个倒扣的不透明杯子，在其中一个里面放入食物，通过手势和嗓音给予指引，小狗总能迅速而准确地奔向那个藏有食物的杯子，而黑猩猩的成功率只有小狗的一半。

科学家还发现，如果辅以示意的目光或友善的嗓音，狗比黑猩猩的反应更迅速、认知能力更强，几乎跟婴儿一模一样。比如面前放着许多相同的杯子，科学家要求婴儿的母亲把一块积木放在某个杯子中，并让母亲用目光示意这个杯子；尽管婴儿并没有先前的经验，他还是毅然选择了妈妈放积木的杯子，因为他认为妈妈示意他这样做，对他肯定是有好处的——尽管他不知道为什么要取这只杯子，而不是另外一些杯子。

科学家跟小狗做了同样的游戏，它们也像婴儿一样去取放积木的杯子，尽管积木不是它们的食品。

俗话说，狗是通人性的。狗所具有的与人类交流的认知能力，使它们在跟人类的合作上非常成功。这也是它们能被成功驯化的主要因素。

狗的认知能力的进化，显然与促进它们繁殖成功有关。思维帮助它们解决了与生存密切相关的问题，这些思维类型进而得到强化，并演化出最大的认知灵活性，因而狗跟人类的合作交流愈加和谐，这也代表了理性的成功。

狼被驯化成狗，既是人工选择的结果，也可以视为人类主宰的自然选择的产物。狼被占有大量资源的人类的喜好这个“自然环境”所选择，适应的留下，渐渐变成了狗。

在人类步入农耕文明后，人类不再狩猎，狗更多地作为一种陪伴人类的宠物存在。于是，不同的宠物狗品种被繁育出来，狗也变得越来越聪明伶俐、善解人意，以适应人类的需求。

一万多年前
一些小狼崽被人从野外的狼窝中抱走。
狼崽长大后，有的狂躁，有的温顺。
狂躁的狼被丢弃或杀死，温顺的留下。
狼帮助人类抓捕猎物。
狼被驯化成狗。
经过上万年的驯化和繁育，人类蓄养的狼不再捕猎，而是吃人类的谷物和熟食，本性退化。

○ 狼的驯化示意图

走近科学巨匠

洪堡是19世纪德国杰出的科学家。他涉猎科目极广，被称为气象学、地貌学、火山学和植物地理学的创始人。他走遍了西欧、北亚和南北美洲，可谓用脚步丈量世界。每年9月14日为“世界洪堡日”。他的自然研究影响了歌德、达尔文、梭罗、海克尔等众多文学家和科学家。

洪堡是当时世界上最著名的探险家与博物学家，也是达尔文心目中的偶像。洪堡的《美洲热带地区旅行自述》也是达尔文《小猎犬号航海记》的榜样著作。

达尔文引述了洪堡的一句话，作为前面几节讨论的小结：“洪堡曾说过，南美洲赶骡子的行家有句名言：‘我不需要给你一头走路最平稳的骡子，我给你一头理性最好的骡子。’这说明骡子是有推理能力的，而选择推理能力强的骡子，在山间小路上行走，是最平稳最安全的。”

通过上述一系列讨论，达尔文有力地告诉我们：人类与其他高等动物（尤其是灵长类动物）有一些共同的感官、直觉以及复杂的心理官能，比如相似的热情，以及猜疑、嫉妒、争强好胜、同情、怜爱、宽容、知恩图报等更为复杂的心理官能。

与人类一样，这些动物也会欺诈和报复，受到嘲笑后也会敏感，同样会幸灾乐祸；它们也有好奇心和惊奇感，甚至还有幽默感。它们同样具有注意、模仿、选择、记忆、想象、思考、判断、推理等与理性相关的复杂心理官能。

当然，程度跟人类有所不同，就像人类个体之间也存在智力差异一样。

达尔文试图说明：在心理官能方面，人类与其他动物之间不存在一道不可逾越的鸿沟——这跟形态特征方面的分析结果是一致的。人类自夸的各种情感和心理能力，其实并不是人类特有的，在其他动物（尤其是高等动物）中已经存在，只不过有些还处于萌芽状态。这显示了逐渐演化的过程，而不是造物主为人类量身定做的。推动这一演化的伟大力量，依然主要是自然选择。

那么，另外一些人类津津乐道的独特能力（如使用工具、自我意识、语言、审美能力、道德观念等）呢?

使用工具的动物多的是

长期以来，使用（尤其是制造）工具，被视为人类与动物的分野。富兰克林曾经把人类称为“制造工具的人”。

我们经常听到有人说，只有人才会使用工具，动物不会使用任何工具。

然而，在自然界，会使用工具的动物并不罕见。在自然状态下的黑猩猩，会用石头把当地一种像胡桃似的果实敲碎。加拉帕戈斯群岛上的有些雀类会用口衔着小树枝，抠出藏在朽木里的昆虫或其幼虫吃！达尔文把雀类这一行为看成自然选择的实证，因为那些口里不能衔着小树枝抠出昆虫或其幼虫吃的雀类，就不能在那座主要以昆虫为食物资源的小岛上存活下去，更不能繁衍后代，最终必然被自然选择淘汰。

还有人轻松地教会一只美洲猴用石头敲开硬棕榈坚果之后，猴子自己便会敲碎其他种类的坚果，甚至敲破箱子。更有意思的是，它还会用石头刮去味道不好的软果皮，简直到了举一反三的程度。

另一只猴子学会用木棍撬开箱子盖之后，懂得了杠杆原理——知道把木棍当作杠杆去移动重物。达尔文亲眼看到，一只小猩猩把一根木棍的一头插入箱子口的缝隙，用手按下木棍的另一端把箱子撬开。达尔文不禁赞叹它应用杠杆原理的方式十分正确。

印度的驯象会折取树枝驱赶蚊蝇——当然，驯象能做的事情很多。不过，野生的象也会折取树枝驱赶蚊蝇，就不是训练的结果了。

达尔文看到过，一只小猩猩以为会遭鞭打，

便连忙捡起毯子或麦草来挡住自己的身体。他还不止一次地看到，黑猩猩捡起身边的东西砸向来犯的敌人。在埃塞俄比亚，一种狮尾狒狒跟𬴂猴打架时，会从山上滚下大石头砸它们。

动物会使用石头、木棍这些容易捡到的东西，当作工具或武器，试图在生存斗争中立于不败之地。珍·古道尔发现黑猩猩、红毛猩猩等也能使用工具（如牙签），“使用工具”这一技能不再是人类的“专利”。她还发现，这些猿类不仅会使用工具，还能制造简易的工具。

其实，在达尔文身后，他所开启的动物行为科学的研究一直在发展，尤其是近几十年来，取得了许多重大的新进展。科学家发现，除了高级灵长类动物，一些鸟类也会使用工具，并且会制造工具，其中以乌鸦和鹦鹉的本事最大。

○ 在坦桑尼亚，一只黑猩猩用树枝作为工具捕捉白蚁。

《伊索寓言》中有个“乌鸦喝水”的著名故事，说的是一只聪明的乌鸦口渴了，见到一个装得半空半满的水瓶，苦于嘴巴太短，够不着瓶子里的水，便衔来附近地上的小石子，一颗颗投进瓶内。瓶内的水位慢慢升高，乌鸦终于喝到了水。这跟中国历史故事“曹冲称象”有异曲同工之妙，前者体现因石子加入的排水量使水平面升高，后者则体现了水的浮力，二者均受制于基本的物理法则。这些故事说明：聪明才智远比蛮力重要。或者说，其寓意在于“需要是发明之母”。

新西兰的科学家发现，“乌鸦喝水”不只是一则寓言。在太平洋的小岛上，生活着一种叫新喀鸦的乌鸦，它们会把小石头丢入装了水的管子里，待到水位升高后喝水。

研究者还仿照“乌鸦喝水”的故事，设计了一个实验：他们把小石子换成重的（实心）物品与轻的（空心）物品两种不同密度的材料，供它们选择。这时候，一个令人惊奇的场景出现了：它们大多会挑选重的、能沉下去的实心物品，而不是轻的、会浮起来的空心物品。换句话说，新喀鸦懂得如何挑选不同密度的材质，

○ 新喀鸦使用工具

并且正确选择的比例超过 90%！

虽然这是智力的考验，但严格来说，也许并不算使用工具。不过，新西兰的科学家确实观察到了新喀鸦使用和制造工具的很多例证。在新喀鸦生活的岛上，许多食物（比如昆虫及其幼虫，还有一些其他的无脊椎动物）藏在洞穴和树干的缝隙里，光凭嘴巴是可望而不可即的，因此，它们会把树叶、小树枝制作成各种钩状的工具，把食物从里面抠出来享用。

科学家的研究表明，鸟类使用与制造工具不是先天的本能，而是后天学到的技能。尽管小乌鸦似乎天生有使用工具的倾向，但它们并非一离巢就能制作出完美的工具。关在笼子里的小乌鸦，即使没有成鸟在身边陪伴，也会使用现成的、简单的小木棍；然而，如果它们要制造比较复杂的工具，就要向成鸟学习。

有意思的是，这些幼鸟在试着制造工具时，一般并不是简单模仿成鸟制造工具的步骤，而是按照成品的样式，各自尝试做出类似的工具。因而，它们制造出来的工具各具特色。据说，这和鸟类学鸣唱是一个路数：它们通过观摩，心里先有个范本，然后靠自己揣摩、尝试、调整，各自摸索出自己的路子。显然，这种学习需要相当高的智力水准。

这些鸟之所以如此聪明，是出于环境带来的生存压力，它们必须解决如何从难以下口的地方吃到食物这个问题，自然选择使它们演化出了惊人的智商。

从某种意义上来说，人类演化史也是一部发明和制造工具的历史，从旧石器时代到目前的互联网时代，人类不断地改善手中的工具，从而改变了我们与环境的关系。

语言的诞生

语言历来被认为是人类与其他动物的终极分野。然而，达尔文指出：语言的形成和发展与物种的形成和发展本质上相同，都是通过自然选择逐渐演化而来的，其证据也有惊人的相似性。

达尔文首先引述惠特利大主教的话说，人类不仅能利用语言来表达心理上的一闪念，而且或多或少也能理解别人意欲表达的意思，这在动物界也并非绝无仅有。他举例说明南美的一种卷尾猴因激动发出声音时，另外一些猴子也能由此激发出相似的情绪。而狗更能以不同的叫声表达不同的情绪，不仅其他狗能够听懂，人类一般也能够理解。他进一步指出，狗能理解很多字句；在语言方面，狗与 10～12 个月的婴儿处于大体相同的发育阶段，此时的婴儿已能理解许多单词和短句，只是不太会说而已。

动物与人类之间的区别仅仅在于，人类把极为复杂的语言与观念结合起来的能力几乎是无限大的，动物则望尘莫及。当然，这也离不开人类高度发达的心智水平。

语言是一种技能，而不是真正的本能，如同酿酒和烤面包一样，都是学而知之的。此外，语言也是在生存与繁殖的斗争中不断发展起来的。家鸡会发出“地面有危险”与“空中有鹰类来袭”两种不同预警的叫声，连狗都能理解。而长臂猿和早期人类都会通过不同的声音，在性选择中用来表达爱慕、嫉妒及喜悦等各种复杂的情绪。

达尔文怀疑，这些可能是语言形成的第一步，并在自然选择的推动下，逐渐发展起来。因此，他认为，“有音节语言的能力实质上也未提供出任何不可排除的理由，来反对人类是从某一低等类型发展而来的信念。”

循着达尔文的思路，100 多年来，生物学、人类学、心理学、社会学、语言学、认知科学和哲学等领域的科学家进行了大量的调查和研究。

一般认为，直立人是智人的直接祖先。中国是发现直立人化石最多的国家之一，著名的有北京猿人、元谋猿人、蓝田猿人、和县猿人、南京猿人、郧县猿人等。

目前，越来越多的证据表明，人类语言的诞生与发展是个逐步演化的过程，很可能有100多万年的漫长历史了。人类语言的起源可能远在我们智人出现之前。生活于大约75万年前的直立人，已经发明了象征符号和语言。

语言是应交流需要而生的，但纯粹的交流并不一定依赖语言才能完成。然而，唯有语言方能满足我们日益增长的交流要求，只要看看当今社交媒体的活跃程度便可见一斑。

语言是在社会性动物中优先发展起来的，并不断完善，这也部分解释了为什么除了人类，叽叽喳喳的鸟类中也出现了能学舌的鹦鹉等一批语言天才——因为鸟类之间的社交程度相当高。鸟类像人类一样，与伴侣、朋友、家人之间的互动非常频繁、丰富与复杂。猴类与其他灵长类动物的情形也大抵如此。在这些高明的社交活动中，需要心机、盘算、揣测和交际；煞费心机的复杂社交活动促进了它们的心理、认知能力和智力的演化，为语言的发明积蓄了力量。自然选择毫无疑问地保存和积累了那些社交能力强的性状。在这样的背景下，语言的诞生与发展是一件水到渠成的事。

狗对同类的叫声非常在意。它们仅凭对方的叫声，便能判断出对方的体形大小，决定是上前争斗，还是敬而远之。

另外，它们对狗叫声的辨识能力非常强，甚至能将不同的叫声和不同狗的照片对号入座。如此复杂的认知能力，此前只在灵长类动物中发现过。

“汪！”：警告！别靠近！

“汪汪”：开心！有好吃的吗？

“嗷——”：哎呀，我的脚！

“呜呜”：不舒服，难过……

“喔——”：准备进攻。

跟着琴声有节奏地叫：今天心情超级棒！

○ 狗的语言

还需要直接证据

在达尔文生活的时代，古人类化石的发现还极少。那时发现的尼安德特人化石已经十分进步，离人类起源已经比较遥远，并且化石是发现于欧洲，而不是达尔文猜测的人类起源地——非洲。

尼安德特人

1856年，人们在德国尼安德特山谷附近的洞穴里发现了几块特别的化石，包括一具头骨和部分体骨。该化石的腿比现代人的短，身高约155厘米，体矮而较粗壮，面貌接近猿类。

○ 尼安德特人想象图

换句话说，达尔文与赫胥黎主张的人猿共祖理论所依据的证据是间接证据，尽管其中许多颇具说服力，但最有力的证据还是古人类化石，因为化石才是演化的实证，属于直接证据。

在人类起源问题上，要检验“神创论”与演化论孰是孰非，有了化石证据的话，更容易鉴别。

按照前者的观点，人类是造物主按照自己的样子创造出来的，从一开始就是我们现在这个样子。那么，如果发现了人类化石，无论其时代远近，面貌（形态）都应该与我们相同或相似。而按照达尔文与赫胥黎的理论，越是古老的人类化石，其面貌形态应该愈加接近猿类（尤其是类人猿）。因而，发现的人类化石越多，便越容易检验上述两种观点的真伪。

在达尔文身后100多年间，世界各国的古生物学家与古人类学家经过长期不懈的努力，至今已发现几乎代表人类演化各个阶段的化石，人类演化历史的图景也变得越来越清晰。

从下一章开始，我们将回顾科学家追寻人类演化足迹的历史，一睹他们发现的有关人类起源与演化的直接证据。这是一部波澜壮阔的科学探索史，包括许多激动人心的故事。

“小时不识月，呼作白玉盘”，是懵懂小儿对未知事物的“大胆假设”。然而，在现代科学诞生之前，人们实在没有办法去对其“小心求证”。因而，“嫦娥奔月”的传说至今流传。

同样，人类起源的直接证据有赖于早期古人类化石的发现。经过全世界古生物学家与古人类学家 100 多年来持续不懈的努力，目前科学家们已经积累了大量的古人类化石证据，证实了达尔文预见的前瞻性和正确性。

本章通过一些引人入胜的故事，回顾了科学家追寻化石证据的艰辛历程，显示了在科学探索的道路上从来没有什么坦途可走。

三　寻找人类诞生的“伊甸园”

最初发现的古人类化石——尼安德特人

事实上，在达尔文生前，就有人发现了人类的化石，并且是古人类化石中名声响亮的尼安德特人。

1856年，达尔文47岁，《物种起源》尚未问世。这一年，德国采石工人在尼安德特山谷一处石灰岩陡壁的山洞里，挖掘出一具人的头骨。工人们不知道它是不是化石，便送给当地的医生鉴定。由于这个头骨很厚，眉嵴较高，跟常人不同，医生也不敢断定是不是现代人死后留下的头骨。

术语

眉嵴，即眉弓。“嵴”原指山脊，此处指骨头上的长形隆起。你可以用手摸一摸眉毛附近，眼眶上缘与眼眶内侧缘之间的突出就是眉嵴。

后来，这一头骨被送到波恩大学，请专家做进一步鉴定。两年后，波恩大学的专家发表了对这一头骨的描述，但得出的结论语焉不详，认为它可能是比古日耳曼人更早的古人头骨，但没有说这是化石。

其实，上述情况并不奇怪。在19世纪，由于很多人受到法国著名解剖学家居维叶的影响，一般不太敢想象地球上真有古人类化石的存在。居维叶有句名言是“人类化石不存在”，或者译作“没有人类化石一说”。他认为，人类不可能从自身生存时代的不同于自身的生命形式（如猿类）那里演化而来，这在逻辑上是说不通的。

因此，当波恩大学专家的文章发表后，引起了不小的争议。一位著名的德国病理学家主张，这个头骨与现代人不同的特征属于病理现象，它可能是属于一个智障患者的头骨。还有一些离谱的、带有种族主义观点的说法，认为这一头骨类似智力低下的爱尔兰人头骨。更有甚者认为，这是1814年来自俄国的哥萨克骑手留下的尸骨。

1863年，赫胥黎在刚出版的《人类在自然界的位置》中，理所当然地讨论了尼安德特人。一方面，他列举了尼安德特人头骨上的猿类特征，指出这是已知最接近猿类的头骨；另一方面，他谨慎地指出，不能就此认为这一头骨是介于人与猿之间的人类遗骸。

次年，一位爱尔兰解剖学家认为，尼安德特人代表一种与现代人不同的古人类，并将其正式命名为人属里的新物种——尼安德特人。

在此后二十多年里，有关这一头骨的属性依然充满了争议。因此，达尔文在《人类的由来及性选择》（1871）里，对尼安德特人只是一笔带过，并没有表达很明确的判断。在此期间，欧洲人对尼安德特人的归属一直争论不休，也促使人们去寻找更多的相关证据。

1886年，人们在比利时发现了两个类似尼安德特人的头骨，与30年前在德国发现的情况不同，这次在洞穴中还发现了许多相伴的动物化石，比如古象、披毛犀、洞熊、驯鹿的骨骼和牙齿，这些都是已经灭绝的史前冰河时代的动物化石。这样一来，尼安德特人作为史前人类的化石，更有说服力了。

○ 冰河时代的动物

○ 尼安德特人复原雕像（现藏于德国尼安德特人博物馆）

不管怎么说，19 世纪下半叶围绕尼安德特人的争议，引起了很多专家甚至公众对追寻人类化石的兴趣。

其中，一位名叫尤金·杜布瓦的荷兰青年受到的影响最大，并成为早期人类化石猎人中的佼佼者。

杜布瓦发现了爪哇人化石

杜布瓦出生于 1858 年，是前文提到的德国尼安德特人头骨发现两年后。他在成长过程中，一直被尼安德特人的争议吸引，对早期人类尤其感兴趣。到了上大学的年纪，他选择了去阿姆斯特丹大学学医。

1886 年，即比利时的尼安德特人头骨发现的那一年，他成为阿姆斯特丹大学的解剖学讲师。这时，他更强烈地感到，寻找古人类化石、研究早期人类的起源是一件很酷的事情。当时，已知的尼安德特人化石都是在欧洲发现的，并且属于与现代人十分接近的晚期人类化石。

走近科学巨匠

尤金·杜布瓦是荷兰古人类学家，是最早科学系统地研究人类化石的学者之一。他以发现直立猿人化石（爪哇人）闻名于世。

世界这么大，究竟到哪里找寻早期人类的化石呢？

跟达尔文、赫胥黎一样，杜布瓦也相信，人类是从早期猿类演化而来的。由于猿类现在只生活在热带地区，他推测，要找寻早期人类化石，最有希望的地区有两处，一是在非洲——那里生活着人类的近亲大猩猩和黑猩猩，二是在印度、马来西亚地区——那里有红毛猩猩（orangutan，马来语意为“丛林中的人类”，可见它们也是人类的近亲）。

当时，东南亚一部分地区属于荷兰的殖民地，驻扎着荷兰的军队。杜布瓦感到，去非洲并不容易，也许加入军队、被派往东南亚的机会更大。于是，他为此参军，并在军中担任军医。1887年11月，他果真被派往印度尼西亚的苏门答腊岛服役。当年年底，他抵达苏门答腊岛，在工作之余，开始到附近的山洞里寻找人类化石。

从表面上看，这件事非常不靠谱。首先，杜布瓦当时一点儿古生物学背景知识也没有；其次，当地从未有过早期人类活动的任何迹象。不过，他坚信，人类诞生的“伊甸园”要么在非洲（这跟达尔文其后的推论完全相同），要么在印度、马来西亚地区。他指挥着由50名在岛上服刑的犯人组成的挖掘队，在苏门答腊岛上东找西挖，将近一年，却只发现了几颗在当地已经灭绝的猩猩的牙齿。

杜布瓦不甘心，他听说有人在爪哇岛中部南岸发现过头骨化石，便申请带队转移到邻近的爪哇岛，寻找人类的远祖化石。

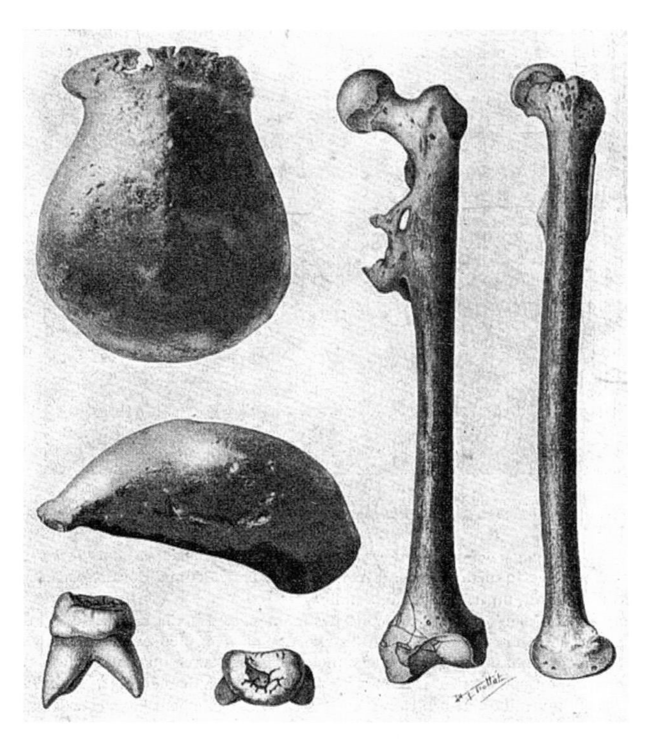

○ 杜布瓦发现的部分爪哇人化石

1891 年，他们终于挖到了第一块古人类的头盖骨化石！杜布瓦发现，这块头盖骨缺少明显的人类特征，但肯定比猿类进步。1892 年，在距离发现头骨化石不远的地方，他又发现了一根大腿骨化石，这根大腿骨化石十分接近现代人的特征——能够直立行走。杜布瓦认为这是介于猿类与人类之间的过渡类型，并于 1894 年将其命名为直立猿人，后来一般称作爪哇人。

由于没有找到石器及其他证据，爪哇人的骨骼化石证据被视为“孤证”。当时，学术界对于爪哇人是否真的属于人类，还存在不小的争议。有些专家干脆认为，这些分明是长臂猿的化石。

围绕爪哇人分类归属上的激烈争论，给杜布瓦带来很大的困扰。他曾因发现这一人类远祖的化石而名扬四海，因而把反对的声音视为对他的否定，变得脾气暴躁。最后，他把爪哇人的骨骼化石标本锁在保险柜里，不再让同行观察和研究。

为此，当时的美国自然历史博物馆馆长亨利·奥斯朋联系荷兰科学院院长，对杜布瓦的这一举动表示担忧和不满。奥斯朋说，杜布瓦发现了爪哇人化石，就像天文学家用一架秘密天文望远镜发现了一颗新行星，然后把这架天文望远镜收藏起来，不让其他天文学家用它去观察新行星，并让大家相信他一个人的观察结果，这在科学上是极不公正、极不负责任的，也是不能被科学共同体所容忍的！奥斯朋请求并呼吁杜布瓦打开锁了很久的保险柜，让其他科学家也能有机会观察这些珍贵的标本，以推动科学事业的进展。

也许是奥斯朋的呼吁终于打动了原本固执的杜布瓦，1923 年，杜布瓦重新打开保险柜，并邀请美国华盛顿特区史密森博物馆的一位专家去荷兰参观他的爪哇人标本。

自此以后，杜布瓦彻底放开了对爪哇人标本的垄断，不仅欢迎各国科学家同行去荷兰参观、研究他的标本，而且把标本带到国际学术会议上公开展览。他还做了一些爪哇人的颅内模标本，分送给各国同行去研究，表现得相当大度。因此，杜布瓦后来又受到了同行的交口称赞。

根据杜布瓦提供的爪哇人颅内模标本，科学家们估算，爪哇人的脑量约为 900 毫升，而猿类的脑量一般在 300 ～ 650 毫升，现代人的脑量则在 1200 ～ 1500 毫升。

因此，单从脑量上看，爪哇人似乎确实处于从猿到人的过渡阶段。如果从脑的形态及脑沟、脑回方面看，爪哇人的脑远比猿类复杂，更接近人类。杜布瓦原来的观点，即爪哇人是介于猿类与人类之间的过渡类型，看来还是正确的。

脑量（颅容量）是判断人类演化地位的重要指标，那么，脑量是怎样测量出来的呢?

长期以来，学者们采用了多种手段，测量或推算不同演化时期人类的脑量。有一些物理方法，比如通过枕骨大孔将沙子或小米灌入头骨内部，或将气球装入头骨内部，然后往气球内灌入液体等。也有利用核磁共振成像和计算断层扫描的方法，或 3D 虚拟颅内模计算法，等等。

此外，爪哇人的发现给美国古生物学家奥斯朋带来巨大的鼓舞。奥斯朋一直相信，人类起源于亚洲，并认为亚洲东北部地区（尤其是中国西北部与蒙古国）是哺乳动物（包括人类在内）起源的“伊甸园”。

奥斯朋当时任美国自然历史博物馆馆长，他组织了中亚考察团，在1922—1928年到亚洲寻找人类远祖的化石。尽管他们在中亚地区发现了许多恐龙和哺乳动物的化石，却没有找到任何古人类化石。其间，世界的另一边传来了好消息！

来自非洲的最初发现

还记得吗？非洲大陆是达尔文推测人类起源的首选之地。

1924年下半年，南非约翰内斯堡大学的解剖学教授达特收到了一个头骨化石，是在南非塔翁（又译作“汤恩”）一处采石场里发现的。次年（1925），他在《自然》杂志上发表研究报告，认为这是个未成年人的头骨（当时估计为6岁，后来认为只有3岁左右）。

根据科学家估算，这一头骨的脑量约为500毫升，相当于成年大猩猩的脑量。即便已成年，其脑量也不会超过600毫升。此外，这一头骨的上下颌骨较为粗壮，并向前突出，跟猿类相似。

另一方面，它具有人类的一些特征，比如它的牙齿较小，不像猿类那么粗大，形态也更接近人类的牙齿。更重要的是，它的枕骨大孔位于颅骨中央的下方，而不是位于颅骨的后方，这显示其头颅垂直地位于脊柱（躯干）之上，表明它已经能够直立行走了。

该头骨显然比爪哇人更原始，更像猿类，达特将其命名为“南方古猿非洲种”。但是，由于它同时具有一些人类的显著特征，达特认为它属于类人猿与人类之间过渡类型的一个猿类种族，并认为它大约生存于300万～230万年以前。

达特提出“类人猿与人类之间过渡类型的一个猿类种族”这一结论后，立即遭到了古人类学界同行的质疑，尤其是来自英、美等国家同行的批评。后者认为，达特的发现只不过是一种黑猩猩的头骨化石。由于达特在短时间内便发表了他的发现，大家认为他并未认真研究，而是草率发表的——这在科学共同体内是很容易为人诟病的。

幸运的是，达特得到了著名古生物学家罗伯特·布鲁姆的坚决支持。

走近科学巨匠

罗伯特·布鲁姆是著名的医生、古生物学家。1903年至1910年，他在南非的一所著名大学教动物学和地质学。他一生描述过数百种脊椎动物化石，包括多种似哺乳类爬行动物二齿兽的化石。

经过仔细研究，布鲁姆认为，达特在塔翁发现的头骨，从头骨形态（如眼眶、鼻部）到牙齿特征，不像大猩猩、黑猩猩等现代类人猿，而是类似人类。布鲁姆特别强调了它的枕骨大孔位于颅骨中央的下方这一特征，认为这清楚地表明小“猿人”已经能够用后腿走路和奔跑。

然而，欧美同行仍然对达特和布鲁姆两位南非科学家的结论持怀疑的态度，使达特十分沮丧，认为自己的名声丧尽，后来干脆“洗手”不干了。

其后，布鲁姆坚定不移地继续寻找证据，果然又在塔翁及南非其他地点发现了更多类似的“猿人”化石。

至此，大部分研究者已逐步相信布鲁姆的观点：南方古猿不是猿类，而是用两条腿直立行走的人科动物。

仅仅二三十年后，非洲大陆变成世界上研究人类起源与演化的中心地区，有一系列惊人的发现，不仅一次次震惊全世界，而且使人类起源与演化的图景越来越清晰。这是后话。

在此之前，寻找人类化石的热点又重返亚洲，这一次是在我们的祖国——中国！

达特与布鲁姆不愧为研究“人类起源于非洲”的披荆斩棘的先行者。在科学道路上，具备像布鲁姆这样执着的精神尤其重要。

周口店北京猿人

20 世纪 20 年代似乎是早期古人类化石发现的一个大丰收期。“南方古猿非洲种”发现后不久，在中国也发现了猿人化石，却依然不是来自奥斯朋预测的中国西北地区，而是来自北京郊区。

在北京西南的房山区，有个地方叫周口店，那儿是起伏不平的山地，其中有座小山叫龙骨山。龙骨山以出产龙骨而得名。所谓龙骨，是脊椎动物牙齿及骨骼化石的通称，过去人们把它们磨成粉末，当作中药用。

1914 年，当时的农商部门请了一位瑞典地质学家担任矿业顾问，他的名字叫约翰·安特生。由于工作原因，安特生对化石十分感兴趣。

1918 年初，安特生听说北京郊区周口店附近有动物化石，尤其是一些石灰岩洞穴中常常能发现不少化石。开春以后，安特生专程去周口店考察了两天，找到了一些零星的动物化石。虽然安特生的这次考察并无惊人的发现，但此地发现化石的前景给他留下了深刻的印象。

走近科学巨匠 

安特生是瑞典著名地质学家。他拉开了周口店北京猿人遗址发掘的大幕，并且是仰韶文化的发现者，为中国地质学和考古学做出了巨大贡献。

后来，安特生有了一位助手——年轻的奥地利古生物学家奥托·师丹斯基。1921—1923 年，安特生与师丹斯基曾两度去周口店考察，并在附近山上的石灰岩洞穴中寻找化石。

安特生是一位极富经验的地质学家。1921 年夏天，他第一次带领师丹斯基去周口店考察时，就在石灰岩洞穴堆积物中发现了不少哺乳动物的骨骼化石，并偶然发现了一些破碎的石英碎片。他推想，石灰岩洞周围没有石英露头，一定是从远处搬来的。他又联想到，石英是早期人类打制石器的主要原材料，石英碎片锋利的边缘不正可以用来切割动物的皮肉吗？他原本就像杜布瓦和奥斯朋一样坚信亚洲是人类起源的“伊甸园”，便立即把自己的预感告诉随行的师丹斯基：“人类的远祖曾生活在这里，你帮我找到他们！”

在科学研究领域，有一句名言：“你只能看到你想寻找的（证据）！”（You only see what you are looking for!）

安特生的例子表明，很多时候，科学家的“胡思乱想”和理性猜测是何等重要！

我不禁想起英国考古学家约翰·卢伯克说过一段类似的话：“我们会看见什么，主要取决于我们在寻找什么……在同一片地里，农民会注意到庄稼，地质学家会留心化石，植物学家会留意花朵，艺术家会关注颜色，运动员则会在意比赛场地。虽然我们都看着同样的东西，但并不意味着我们会看见相同的它们。”

接下来的两年间，他们在这一带又发现了很多脊椎动物（尤其是熊、鬣狗、犀牛和肿骨鹿等大型哺乳动物）的化石。1923 年，师丹斯基终于如安特生所愿，发现了一颗“疑似”人类牙齿的化石——主要是这颗牙齿可能来自老年个体，咬合面磨蚀得很厉害，牙冠表面的牙尖形态已经看不清楚，因而无法断定是属于人类还是猿类，故暂作“疑似”处理，不敢贸然下结论。这至少给了他们更大的希望和信心。

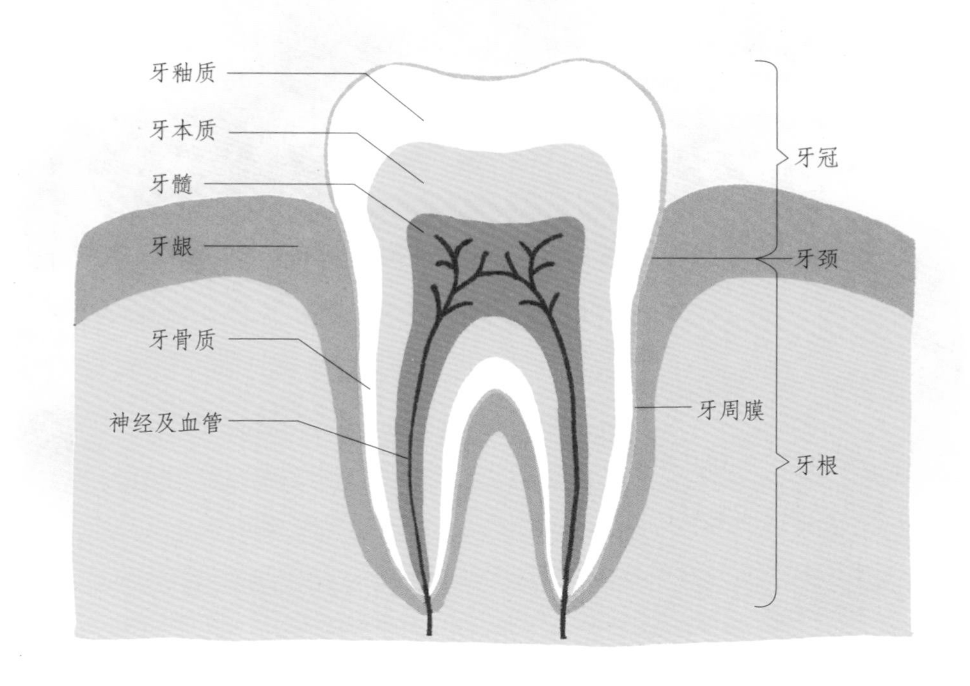

一颗牙齿可分为三部分：显露在口腔内的部分是牙冠，埋在牙槽内的部分是牙根，牙冠和牙根之间是牙颈。牙颈外面包着的黏膜组织是牙龈。

○ 现代人的牙齿和牙周组织纵剖面图

由于当时中国缺乏研究脊椎动物化石的专家，很多化石被运到瑞典的乌普萨拉大学，请那里的专家协助修理、鉴定及研究。根据对众多哺乳动物化石的研究，瑞典专家认为这些哺乳动物生活在约 50 万年前。

1926 年，在整理这些化石的过程中，瑞典专家又发现了一颗类似人类牙齿的化石。这颗牙齿磨损得不那么厉害，基本上确定是属于人类的，而不是猿类的牙齿！也就是说，他们已发现了约 50 万年前的古人类化石。

在之前的 1919 年，北京协和医学院聘请了一位来自加拿大的解剖学教授步达生。步达生曾师从英国著名的人类学家史密斯爵士，对古人类研究深感兴趣，且颇为专精。

安特生把周口店发现的两颗牙齿交给步达生进一步研究，之后，步达生确认了这两颗牙齿是属于人类的。

1926 年 10 月，恰逢瑞典王储、后来的国王古斯塔夫六世访华，他是瑞典科学研究委员会的会长，也是一位考古爱好者。安特生不愧是一位机智的科学家，他选择在瑞典王储抵华之际的欢迎会上对外宣布了这一重大发现。约

走近科学巨匠

步达生是加拿大古人类学家、解剖学家，“中国猿人北京种”化石学名的命名人。1926 年，他与翁文灏等人筹办周口店发掘工作。1929 年，他促成建立中国地质调查所新生代研究室，并担任名誉主任。

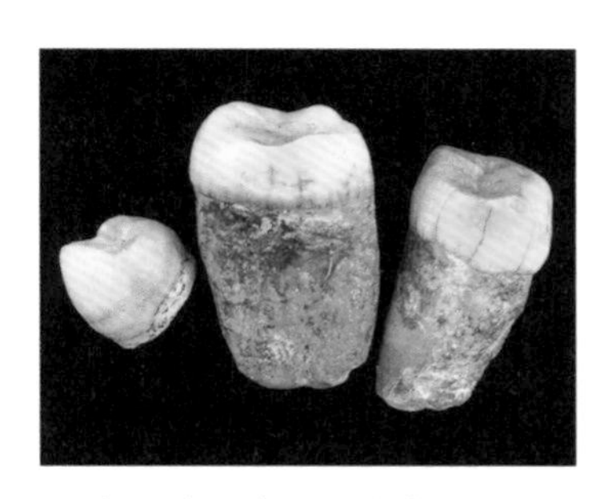

○ 师丹斯基在周口店发现的三颗臼齿化石（其中第三颗发现于20世纪50年代初）。

50 万年前的人类牙齿化石——这是一个惊人的发现，立即在世界上引起了轰动。不久，步达生将这一研究结果发表在《中国地质学会志》及英国《自然》杂志上。

此时，步达生已经担任北京协和医学院解剖学系的系主任，而北京协和医学院是由美国洛克菲勒基金会赞助建立的。步达生自然也对周口店产生了极大的兴趣，于是，他向洛克菲勒基金会申请了一笔基金，与中国地质调查所合作，于 1927 年春开始了为期两年的周口店古生物考察和挖掘活动。

很快，在头一年 10 月，他们发现了一颗人类的臼齿化石。根据丰富的人体解剖知识，步达生将这颗臼齿以及此前师丹斯基发现的那两颗牙齿化石，一并命名为“中国猿人北京种”，发表在《中国古生物志》上，这就是后来举世闻名的“北京猿人”或“北京人”。

仅靠三颗孤立的牙齿就命名一个古人类的新属新种，自然会遭到国际上许多同行的质疑。步达生心知肚明，他还需要找到更多的化石证据，方能令质疑者信服。于是，他决定继续加大周口店的发掘力度。

中国猿人北京种通称“北京人”或“北京猿人”，是大约 50 多万年前的旧石器时代早期古人类。

目前，国际科学界普遍将北京猿人作为一个亚种归于直立人，改称“北京直立人”。

世界上很多事情的成功，往往需要机缘巧合。关键时刻，出现了两个年轻的中国人：杨锺健与裴文中。

在步达生启动周口店项目的第二年，也就是 1928 年，杨锺健与裴文中两人先后加入了这一项目。在周口店发掘史上，乃至中国古脊椎动物学与古人类学发展史上，1928 年均为具有标志性的一年。

1928 年春，当时的中国地质调查所派了新近从德国学成归来的杨锺健博士到周口店主持挖掘工作。

杨锺健是中国第一位古脊椎动物学专家，他在德国慕尼黑大学取得博士学位后，回国前还曾在瑞典参加了一段时间的周口店哺乳动物化石研究工作。因此，派他去主持周口店挖掘工作是一件顺理成章的事。那时的裴文中，则是刚刚从北京大学地质系毕业的“待业”学生，他在地质调查所所长翁文灏的安排下，去周口店担任杨锺健的助手。

1929 年春，在洛克菲勒基金会的赞助下，北京协和医学院成立了新生代研究室——中国科学院古脊椎动物与古人类研究所的前身。步

走近科学巨匠

杨锺健是我国古脊椎动物学的奠基人，其科研领域几乎涵盖了古脊椎动物学的各个领域，研究重点是中国古爬行动物和古哺乳动物，以及中生代和新生代地层。

达生为主任，杨锺健为副主任，具体工作由杨锺健负责。这样一来，周口店项目自然而然地纳入了新生代研究室的管理范围。新生代研究室的顾问与客座研究员德日进是法国著名哲学家和古生物学家。

接下来，杨锺健陪同德日进奔赴山西、陕西一带，考察华北新生代地质古生物，翁文灏便安排裴文中接替杨锺健负责周口店的挖掘活动。到了年底快收工的时候，消息传来，裴文中有了惊人的发现！

1929 年 12 月 2 日下午 4 时许，天色近晚，一个洞穴里的挖掘快要收工的时候，裴文中突然看到了一个半掩半露的猿人头盖骨——这就是在周口店发现的第一个完整的北京猿人头盖骨化石！它终于让步达生有确凿的化石证据去说服同行了。

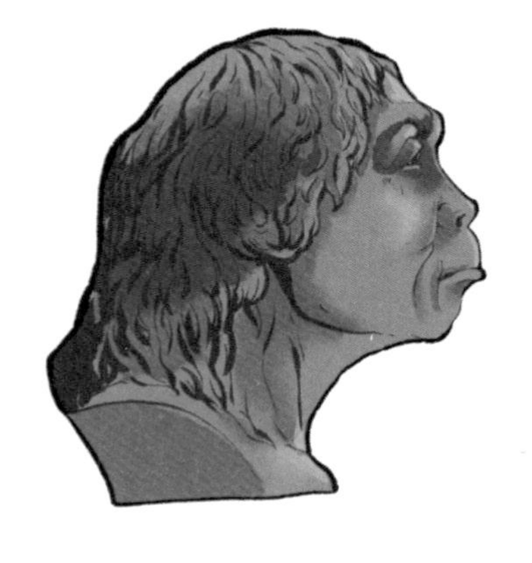

从那时起，中国科学院古脊椎动物与古人类研究所好几代古人类家与考古学家在周口店进行了长期系统的挖掘，又有了很多重大发现。迄今为止，科学家已发现了 6 件头骨化石、15 件下颌骨化石、150 多颗牙齿化石，代表至少 40 个北京猿人个体。

○ 1929年，群贤聚集周口店（左一，裴文中；左四，杨锺健；右三，步达生；右二，德日进。图片由任葆薏女士提供）。

当时，北京猿人的发现不仅把人类最早的祖先出现的时间向前推进至约 50 万年以前，而且跟爪哇人一起确立了直立人种在人属中的分类地位。

这是古人类学研究相当大的进展，也有力地支持了安特生、步达生等人的人类亚洲起源的观点。

俗话说，风水轮流转。30 年后，著名的“利基运气”开始给人类的起源与演化带来了一系列崭新的诠释，显示了达尔文的“大胆假设”居然是正确的——这次，舞台又返回到非洲大陆的东非地区。

周口店遗址

周口店遗址位于北京市房山区周口店镇，共发现不同时期的各类化石和文化遗物地点 27 处，出土人类化石 200 余件，是举世闻名的人类化石宝库。图中的猿人洞上方加盖了钢制保护棚，以免受到日晒、雨淋、风蚀等自然力的破坏。

周口店遗址

奥杜威峡谷

著名的考古遗址，在今坦桑尼亚北部，以其出土的人类化石和旧石器时代的石器著称。很多重要的人类化石在此地被发现。

○ 东非大裂谷

“利基运气”与东非古人类化石的发现

从土耳其南端、黎巴嫩到莫桑比克，有一条由板块构造活动形成的大断裂，蜿蜒延伸，穿过了多个国家。在东非的这一段，通常被称为“东非大裂谷”。

东非大裂谷像被打开的拉链一样，把非洲大陆撕裂开来，并形成新的板块。它又像非洲大陆上一条巨大的伤疤，把古老的岩石地层裸露在巨大沟壑的底部及两侧，经过长期的风化作用，时而暴露出埋藏在地层里的化石。

这里是古生物学家们寻“宝”的地方。在第一次世界大战之前，一位年轻的德国地质学家汉斯·雷克在东非大裂谷中的一段称为“奥杜威峡谷”的地方（位于坦桑尼亚北部），发现过古人类的遗骨化石。这是一具更新世智人的遗骨，估计是在约 15 万年前在此地溺水而亡的。不久后，第一次世界大战爆发，雷克的工作只能戛然而止，他的这一发现也鲜为人知。

直到几十年后，一位出生于肯尼亚的英国人路易斯·利基来到这里，他和家人有了一系列重大的化石发现，使人类起源与演化的图景日渐完整。

路易斯·利基一直视肯尼亚为自己的家。他长大后，回英国接受了高等教育，在剑桥大学学习语言学和考古人类学，毕业后又回到肯尼亚，从事东非石器考古与文化研究。

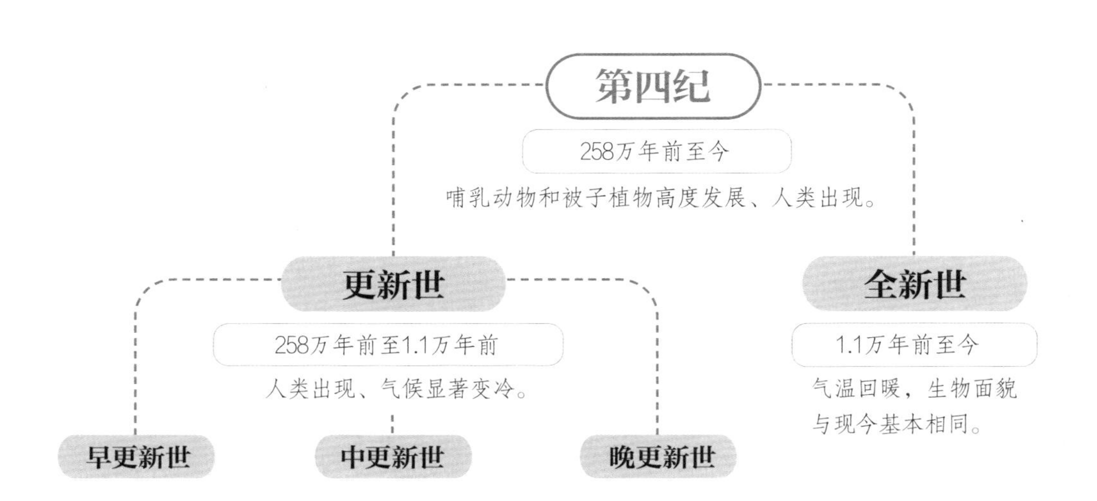

○ 第四纪分期示意图

奥杜威文化是非洲旧石器时代早期文化，因在奥杜威峡谷发现而得名，距今约260万年，是迄今所知世界上最早的旧石器文化之一。

阿舍利文化是继奥杜威文化之后出现的旧石器时代早期文化，以最初的发现地——法国北部的圣阿舍利命名，其典型的技术体系为手斧。

1931年，路易斯·利基来到奥杜威峡谷，重启了大约20年前德国地质学家汉斯·雷克的工作，并最终有机会跟雷克合作。最初，他主要是发现和研究了那里的一些动物化石和旧石器工具等人工制品（奥杜威文化与阿舍利文化），这一时期他的代表作有《亚当的祖先》和《石器时代的非洲》。

对路易斯·利基的学术生涯来说，《亚当的祖先》意义非凡。该书是他的成名作，奠定了他在非洲旧石器文化研究方面的“霸主”地位，而且，它是一根幸运的“红丝线”——成就了他与第二任妻子玛丽·利基之间的美好姻缘。玛丽是后来“利基运气”的大福星，可以说，如果没有玛丽，利基家族的学术史及整个古人类研究的历史恐怕都得改写。

玛丽生于伦敦，曾在法国攻读史前考古学，并且是一位才华横溢、训练有素的绘画艺术家。后来，她在伦敦与路易斯相遇，路易斯十分欣赏她的绘画才能及其科班出身的考古学背景。1933年，路易斯正在写作《亚当的祖先》书稿，他盛情邀请玛丽去非洲，为他的新书绘制插图，并参加他的考古研究。玛丽欣然允诺，奔赴非洲。接下来，便是“从此，他们幸福地生活在一起”的故事了。

路易斯此前有过一段短暂的婚姻，由于妻子忍受不了非洲的艰苦生活，路易斯又不愿意放弃自己在那里的研究工作，两人便分手了。1936 年，玛丽与路易斯结婚，成为他的终身伴侣及亲密合作者，并为“利基运气”开了头彩。这对夫妇在其后的 30 多年间，有了一系列重要的发现，使非洲成为研究人类起源与演化的中心大舞台。

路易斯身材魁梧，目光炯炯，具有极为敏锐的直觉，是“喜怒无常”的性情中人，因而在同行里是一位颇受争议的人物。玛丽的性格恰恰相反，她行事稳重，具有“温良恭俭让”的美德。玛丽曾经坦言，“倘若我们是同一类性格，我们就不可能有这么多的成果”，事实也许正是如此。

1959 年的一天上午，玛丽在营地附近的峡谷里遛狗的时候，偶然发现路边的剖面上露出一块东西。她走近一看，原来是一块骨骼。她小心地把它取出来，刷去表面的泥土，竟然露出了牙齿——原来是一块头骨化石！由于这一

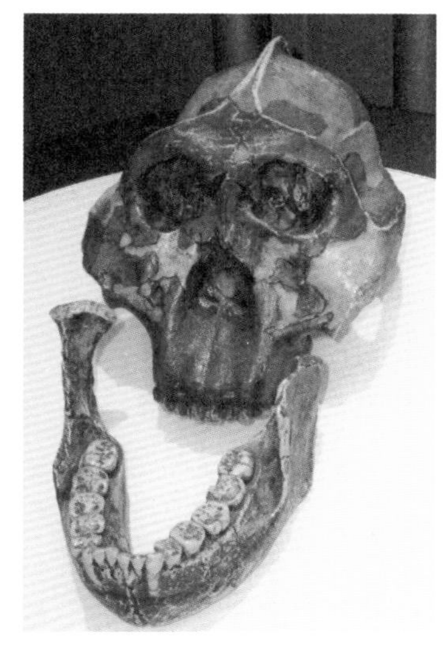

○ 玛丽发现的“东非人鲍氏种”头骨化石（1959）

带发现过不少石器，她的第一个想法是：也许这就是石器的制造者。

玛丽兴奋地跑回营地，把她的新发现拿给路易斯看。路易斯没有玛丽那么兴奋，他认为这大概是南方古猿的头骨（类似达特和布鲁姆在南非发现的“南方古猿非洲种”化石），而不是他想找的人类直接祖先的化石。

不过，由于“南方古猿”并不是巨猿类，而是属于人族（人科下可以直立行走的一支）的原始人类，因而他们将玛丽的新发现命名为“东非人鲍氏种”，借此以种名来纪念资助他们研究工作的鲍伊斯先生。

根据先前对同一层位所发现的石器进行放射性同位素年代测定的结果来看，这一古人类生活在约175万年前。当时他们认为，这不是现代人的直接祖先，不过，这一标本后来还是被重新分类定为“南方古猿鲍氏种”。

值得指出的是，自从玛丽开了“利基幸运”的头彩之后，利基家族的古人类化石发现变得越来越多，越来越振奋人心。

1960年，他们的儿子乔纳森在玛丽发现“东非人鲍氏种”附近的地方，发现了一个儿童的头骨碎片化石，现场周围还发现了许多石器工具。这一化石是幼年个体，头骨骨片较薄，但脑量估计达650毫升。路易斯分析认为，这是跟南方古猿同时代的人种化石，然而比南方古猿更进步，并且可能接近智人的直系祖先。加上周围发现了很多石器工具，路易斯将其命名为“能人”，即能够用手（制造工具）或手巧的人。

此后，他们又先后在东非发现了多个能人的化石。尤其是1972年，路易斯和玛丽的另一个儿子理查德在肯尼亚发现了能人的成年个体的头骨，其脑量估计高达775毫升，头骨和牙齿形态更加接近现代人，被认为是人属的早期成员，也更有可能是人类的直接祖先。根据放射性同位素年代测定，理查德发现的这一能人头骨的年代是大约180万年前。

自20世纪60年代以来，利基家族和其他古生物学家、考古学家在坦桑尼亚、肯尼亚、埃塞俄比亚及东非其他地区，先后发现和发掘出一系列早期人类的骨骼、足迹和石器化石。他们的化石发现和科学研究，使人类起源与演化的图景变得越来越完整、越来越清晰。

能人是迄今已知最早能制造石器的人属成员，生活在大约180万年前。它们的体质特征比南方古猿进步，比直立人落后。它们能够制造简单、粗糙的石器。

○ 能人复原图

路易斯·利基和玛丽·利基夫妇及其家族成员，经过多年艰苦不懈的努力，在东非广大地区发现了一大批重要的古人类化石，从而解决了一系列与人类起源和演化有关的重大理论问题。

俗话说，兵家儿早识刀枪。路易斯的儿子理查德连大学都没有上过，全靠着父母的言传身教而自学成才，并成为享誉世界的著名古人类学家。他在20世纪70年代发现过不止一个古人类头骨化石，又在80年代发现了一具约160万年前的完整古人类化石（称为“图尔卡纳男孩”）。理查德后来致力于保护野生动物，尤其是非洲象，与肯尼亚的偷猎行为进行不懈斗争。

理查德也是达尔文的忠实粉丝，曾于1979年出版了他所节选的《物种起源》，并为之撰写了长篇导读。他的导读近30页，对生物演化论的发展及当时进化生物学的研究现状做了详尽独到的精彩阐述，颇见其学术功力。

理查德的妻子米芙·利基是动物学家，也曾发现过两个古人类化石的新种。她曾指导肯尼亚国家博物馆的科研人员研究400多万年前的原始人种。

理查德和米芙的女儿露易丝作为利基家族的第三代成员，也从小受到家庭的熏陶，曾参与扁脸肯尼亚人化石的发现和研究。

利基家族在古人类研究方面的贡献卓著，可谓古人类学研究的传奇家族。

玛丽·利基
路易斯·利基
米芙·利基
理查德·利基
露易丝·利基

“所幸化石知我意，故留踪迹地中埋。”这是我以前写的律诗中的一联，感叹化石乃大自然的馈赠，使我们古生物学家有了谋生立业的“饭碗”。

同样，古人类在地层中以化石的形式，给我们留下了他们在史前地球上生存活动过的“雪泥鸿爪”。通过寻找、发现和解读这些零散的资料，科学家已经比较成功地追寻出人类自起源以来的演化踪迹。

我们将在本章中回顾史诗般的人类演化历程，并弄清楚“何以为人”的概念。此外，近年来古人类基因组学研究的发展，为古人类学研究注入了强劲、新鲜的活力。

四 人类演化的踪迹

人类究竟是什么

谈到人类的起源与主要演化阶段，我们首先要弄清楚人类的定义是什么。

先前，科学家一致认为，人类区别于其他动物（包括高等猿类）的主要标志是——我们具有发达的大脑。除了增大的脑量，这具体反映在人类能够通过制造工具来改变自己周围的环境，控制与改造大自然。

在 20 世纪 60 年代以前，古人类学领域的一般共识为：能否制造工具是人与猿的分野。

路易斯·利基对科学事业的另一个重要贡献，是在 20 世纪 60 年代初，他曾鼓励（并招募）几位英国年轻人到非洲野外

○ 珍·古道尔与她研究的黑猩猩

走近科学巨匠

珍·古道尔是英国生物学家、动物行为学家。她长期致力于黑猩猩的野外研究，纠正了学术界对黑猩猩这一物种长期以来的许多错误认识，具有划时代的意义。

自然栖息地，实地研究现代类人猿的生活方式及行为。其中，最著名的学者是研究黑猩猩的珍·古道尔。

珍·古道尔发现，黑猩猩不但会使用小树枝和草棍等天然工具掏石头缝里的蚂蚁吃，还会改造工具，甚至制造简单的工具。这意味着，制造工具的能力不再专属于人类，因此也不能继续将其视为划分人类与猿类的标志。

加上古人类学家在南非、东非陆续发现了南方古猿的化石，尤其在东非发现了大量伴随南方古猿的石器，由此，古人类学家们逐渐同意废弃这一标志。

自 20 世纪 60 年代以来，大家逐渐接受了布鲁姆最初的建议：把枕骨大孔位于颅骨中央的下方这一特征，作为直立行走的解剖学证据，并以身体的躯干直立、用两条腿走路作为划分人与猿的标志。这样一来，人类的范畴大大地扩大了，因而，南方古猿成了真正的人科动物，早期人类的成员随之大大增加。

不过，由于生物命名法规则的限制，南方古猿的名称不能改动，只好继续使用下去。因此，很多人乍看到这个名称，往往会感到困惑：为什么科学家竟人猿不分呀？

更有意思的是，直立行走的这一标志碰巧又回归到古希腊哲学家柏拉图最早对人类的定义。柏拉图认为，人类是身上无毛、直立行走的动物。据传说，有一天，一个调皮的学生拎来一只拔光了羽毛的鹅，问柏拉图："老师，这是人吗？"后来，有人以这个笑话作为典故，把人称作"柏拉图的鹅"。

20 世纪 30 年代，珍·古道尔出生于英国伦敦。她自小痴迷于观察动物习性，青少年时期就寻找机会去非洲观察野生动物。她 26 岁时，终于有机会到了非洲，成为古人类学家路易斯·利基的助手。

1960 年，在利基的鼓励下，珍·古道尔在坦桑尼亚的森林中建立了一个野外营地（现已辟为国家公园），专门观察和研究该地区黑猩猩的行为和习性。在此过程中，她有了一系列极为重要的发现，并纠正了前人在黑猩猩研究中的错误，比如前人认为黑猩猩是植食性动物，但她发现它们是杂食性动物；她还发现了黑猩猩一系列高度发达的社会性行为——这些都是研究者们以前不清楚的。

1971 年，珍·古道尔出版了成名作《人类的近亲》（In the Shadow of Man，1980 年出版的中译本《黑猩猩在召唤》更为人熟知），向世人报道了她的上述发现，并成为世界上第一个发现黑猩猩不仅能够使用工具，而且能够制造工具的科学家，而在那之前，这一技能被科学界普遍视为人类与动物的分野。

珍·古道尔是少数几位没有取得剑桥大学的本科学位而被授予博士学位的学者之一。她一生获得的奖励和荣誉不计其数，是全世界女科学家的偶像和代言人。

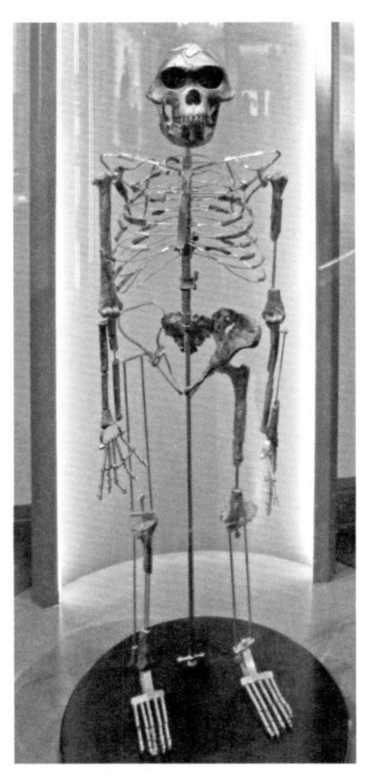

○ “露西”骨骼化石（现藏于埃塞俄比亚国家博物馆）

“露西”是谁

1974 年，一支由美国、法国科学家组成的考察队在埃塞俄比亚境内的阿法地区，发现了一种属于不同种类的南方古猿，美国古人类学家唐纳德·约翰松将其戏称为“露西”。

“露西”由部分头骨、下颌骨及许多头后骨骼（躯干与四肢的骨骼）碎片组成，是迄今为止最“完整”（大概有 40% 的完整度）、最有名的早期人类骨架化石。这一化石的学名是“南方古猿阿法种”。据后来的测定，该人种生活在 375 万～300 万年前。

为什么给这具早期人类骨架化石起名为“露西”呢？

这是由于，考察队发现化石的时候，营地正在播放一首流行歌曲——英国披头士乐队的《露西在缀满钻石的天空》。又因为，当时他们认为这可能是一个女性个体（估算身高只有 1 米左右），故给她起了个“露西”的芳名。后来的研究并未能确定这具化石骨骼所属的个体性别，可是“诨号”一直这样沿用下来了。

次年（1975），考察队在这里发现了更多化石标本，并认为可能属于至少13个不同的个体；其后，根据同位素年代测定发现，他们可能生活在330万～280万年前。

1976年，玛丽·利基又在奥杜威峡谷附近的莱托里一带寻找化石，结果在一处火山灰层组成的地面上，发现了许多大型哺乳动物的足迹化石，并且注意到一个大人和小孩并肩走路留下来的脚印化石。她还发现了一些古人类的下颌骨和牙齿化石，后来经研究和测定，也是属于约350万年前的南方古猿阿法种的化石。因此，多数古人类学家认为，玛丽发现的脚印化石也是南方古猿阿法种留下的。

与现代人相比，“露西”及其他南方古猿的主要特点是身材矮小（身高约1米，体重25～55千克）、体表多毛、脑量较小（约为500毫升以下）、智力水平较低。

不过，与其他灵长类（包括猿类）相比，南方古猿可以直立行走，这样一来，他们的前肢（双臂）不需要用来行走，可以做别的事情。另外，他们的拇指可以跟其他手指相对，更便于使用与制造工具，做比较复杂的工作。

南方古猿也称“南猿”，属于人科，是从猿向人进化主干和支干上的代表。多数人认为南方古猿是最早阶段的原始人类。

科学家对南方古猿头骨的分析表明，尽管南方古猿脑部掌管语言的区域并不发达，但可能已经有了初步的语言交流能力。

南方古猿的智力水平已经能让他们计划比较复杂的活动，比如到远处寻找制造工具的石头。体质与智力方面的进化，使南方古猿能够在东南非洲的大部分地区生存与繁衍。南方古猿似乎从来没有离开过发源地非洲，并在约150万年前消失了。

在相当长一段时间里，古人类学家认为：400万～150万年前的南方古猿各个物种代表了人类演化的初期。

20世纪90年代，古人类学家在东非的埃塞俄比亚发现了更为古老的“南方古猿始祖种”（距今约440万年），把南方古猿的历史推得更为久远。

目前，古人类学家把有11个物种的南方古猿归入人亚科之内，生活在440万～150万年前的南方古猿被视为人类的早期成员。他们实际上只能算是我们现代人的远亲。

2000年，法国学者在肯尼亚发现了一批更早（距今约600万年）的古人类化石，他们开始称其为“千禧人”（因为发现于2000年），后来正式命名为“原初人”。古人类学界一般认为，古人类历史的开端可追溯到约700万年前，但像原初人这类比南方古猿更早的古人类，被视为处于人猿过渡阶段（距今约700万～520万年）的最早期成员。

随着更古老的人类化石被发现，人类起源和演化的历史有可能往前推得更为久远，因为科学进展是无止境的。正是这些源源不断的新发现，使我们进一步认清：达尔文的“人类起源于非洲古猿”的推测是正确的，因为它们显示出，越是古老的人类化石，其形态特征越接近猿类。

目前，古人类学界的基本共识是，南方古猿当中的一支演化出了后来具有更高智力（或技能）水平的能人，其余支系的许多南方古猿最终灭绝了。能人继续朝着后期人类方向演化，南方古猿与能人同属于早期人类。化石记录还显示，能人生活在约180万年前的东非和南非广大地区，在相当长的时间里，他们曾与南方古猿共存。

另一方面，尽管能人的身材大小（约1.1米）跟南方古猿（约1米）差不多或略大，但其脑量平均约630毫升，远远大于脑量平均约500毫升的南方古猿。

因而，能人被视为向现代人演化的开端，并在分类上被归入人属，成为人属的早期成员。一般认为，能人是南方古猿向现代人类演化过程中的过渡类型，甚至有人主张直立人是从能人直接演化而来的。

直立人与智人

直立人出现于大约200万年前，是除南方古猿外，在地球上生存时间最长、分布较广的人类化石成员，在人类演化史上占据十分重要的地位。

直立人化石最初发现于亚洲（如爪哇人和周口店北京猿人），但年代更古老的直立人化石发现于东非，包括在肯尼亚发现的头骨和最完整的骨架化石。非洲直立人化石的年代测定约在190万～160万年前，根据他们的年代及形态特征，古人类学家普遍认为，直立人也起源于非洲，后来扩散到欧洲和亚洲的广大地区，并成为这些地区人类的祖先。

直立人的骨骼特征总体上比现代人粗壮，残留了不少猿类的形态特征，然而他们的脑量已显著增大到平均1000毫升以上。由于直立人广泛分布于非洲和欧亚大陆各个地区，生存时代跨度极大，经过长期扩散和“辐射性”演化，带有许多地区性的衍生特征，因此，直立人种也是古人类学者们争议较大的一个人属物种。

直立人也称“晚期猿人”。直立人与早期智人、现代人属于同一个属，与后二者只有种的差别。

直立人显然代表了人类演化史上介于能人与古老型智人之间的一个重要阶段，他们大约消失于 30 万～20 万年前。

人类学家把现存的人类定义为智人，主要依据一系列独特的解剖学特征，比如相比上述古老的人类化石，智人的头颅更圆（几乎呈球形），脑量也更大（平均 1400 毫升以上），面部变短，眉嵴较平，下巴收缩，牙齿变得不那么粗壮，上肢和下肢的比例减小，指骨更平直，肋骨更窄等。这些构造特征大约是在 40 万～20 万年前逐渐演变形成的。

智人是指真正的现代人类。地球上所有的现生人类都同属于智人种。这一概念最早由瑞典博物学家林奈提出，意思是“智慧的人”。

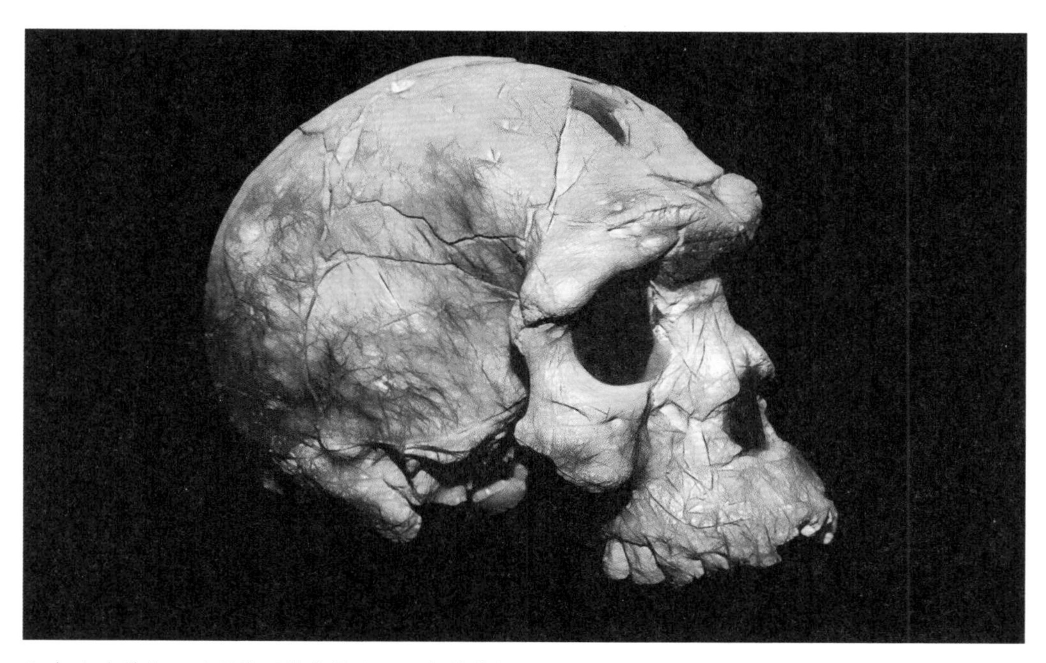

○ 智人头骨化石（现藏于埃塞俄比亚国家博物馆）

古老型智人（早期智人）主要指最早在非洲埃塞俄比亚、赞比亚、苏丹、坦桑尼亚等国发现的一些古老智人化石，他们已初具现代人的一些形态特征，但是相互间形态各不相同，处于向现代人演化的不同阶段，生活在距今 20 万年前后。

值得指出的是，单靠形态特征，大多数时候很难把早期智人与直立人区分开来。当然，也正是演化上的这种“镶嵌”混合的状态，表明了演化的真实性及连续性。

其后，在欧洲和中国也陆续发现了不少早期智人的化石，比如在英国、法国、德国发现的一些中更新世的人类化石，一般归入早期智人，在中国陕西发现的大荔人与在广东发现的马坝人等，

○ 马坝人遗址

也属于较著名的早期智人。一般认为，这些早期智人演化出了早期现代人。

以前的古人类学家曾认为，尼安德特人属于古老型智人，但近年来越来越多的证据显示，尼安德特人是一个独立的旁支，其生存年代、分布范围跟古老型智人和现代人都有一部分重合，并且与现代人的祖先有过多次基因交流。现代人基因组研究表明，我们的基因组中约有 2% 的尼安德特人遗传信息！

到了 12 万～1 万年前，人类已经演化成最接近我们现代人的样子。换句话说，如果把那时候的人换上今天的装束，迎面在大街上碰到，我们大概不会感到特别惊奇。

在这一时期，人类逐步扩散到地球的各个大陆之上。早期现代人出现于大约20万～16万年前，目前，古人类学家大多认为，最早的现代人起源于东非，在大约13万年前，再次走出非洲，向欧亚大陆扩散，并逐渐替代当地的古人类。这也是古人类学领域里目前占主导地位的“走出非洲”假说。

“走出非洲”假说

在《物种起源》中，达尔文用了大量篇幅，讨论生物的迁徙与扩散及其在演化上的意义。跟其他生物相比，人类的迁徙与扩散简直达到了极致。

人类似乎总是“这山望着那山高”，不会老老实实地待在一个地方。这或许出于气候及环境变化引起的生存压力，或许是对于远方的憧憬，在人类演化史上，人类的不同物种先后至少有三次走出其发源地非洲，迁徙到世界上其他地区——这就是古人类学里著名的“走出非洲”假说。

换句话说，人类是最为“见异思迁”的生物。在如今的地球上，除了南极地区，几乎到处都有人类居住。

南方古猿大约在150万年前消失了，他们从来没有离开过起源地非洲。其后出现了具有更高智力水平的原始人类，这些新的种类属于人属，其中最重要的是直立人种。直立人的平均脑量在1000毫升左右，不仅能够制造更为复杂的工具，还懂得如何取火，并利用火来取暖、烘烤、烹煮食物以及防范大型动物，他们还懂得利用天然洞穴来御寒。这些综合因素使直立人种的人口迅速增长，造成资源短缺的生存压力，促使其中一些人到远方去寻找“机遇”。

当然，智力水平和语言能力的提高比使用工具和火更加重要，因为人们可以借此交流思想、规划行动。考古发现显示，直立人是集体狩猎的，说明他们的协同行动得益于思想的交流。拥有了有效的工具、火、智力和语言，直立人对自然环境的改造能力日渐增强，有了远走他乡的可能性。

大约200万～180万年前，直立人走出了非洲。其后100多万年间，他们的足迹几乎遍布欧亚大陆。最早发现的印尼爪哇人及周口店北京猿人都属于直立人种。到了约20万年前，直立人已经在东半球的所有温带地区扎下了根。一般认为，在地球上繁盛了100多万年的直立人并没有留下现存的直接后裔，他们在约15万年前灭绝了，成为人类演化的一个旁支。

也有一种观点认为，各地区的现代人均起源于当地的直立人，比如现代亚洲人与澳大利亚土著都起源于亚洲直立人。2004年发现于印尼弗洛勒斯岛的弗洛勒斯人（已灭绝），有可能是直立人的直接后裔。若果真如此，这不仅似乎支持后一种观点，而且表明直立人一直延续到1.8万～1.2万年前。

发现于埃塞俄比亚、约60万年前的海德堡人，一般认为是人类第二次走出非洲的人种，后来（30多万年前）在欧洲逐步演化为尼安德特人。尼安德特人一直延续到大约3万年前，在近30万年间，他们生存繁衍，活跃于欧洲的广阔大地上。

尼安德特人与其后的智人共存了很长时间，并多次发生了基因交流。我们的基因组里有尼安德特人的遗传信息，并不是一件多么意外的事。

关于尼安德特人在分类学上的地位，一直颇有争议。起初，很多科学家认为尼安德特人对现代人类没有基因贡献，直到2010年，瑞典进化遗传学家斯万特·帕博领导的国际研究团队公布了第一个尼安德特人基因组草图，表明现代人的祖先走出非洲后，与尼安德特人有过基因交流。

斯万特·帕博荣获了2022年诺贝尔生理学或医学奖，因为他在“关于古人类基因组和人类进化的发现”方面做出了巨大贡献。他也成为进化研究领域首位获得诺贝尔奖的学者。这无疑是对古生物学、古基因组学等相关学科研究者的极大鼓舞，也激起了公众对人类起源与进化的兴趣和重视。

帕博还为中国培养了一位古DNA研究的领军人物——现任中国科学院古脊椎动物与古人类研究所研究员、古DNA实验室主任付巧妹教授。付巧妹是帕博在中国唯一的嫡传弟子，也是目前中国青年科学家中一颗耀眼的明星。

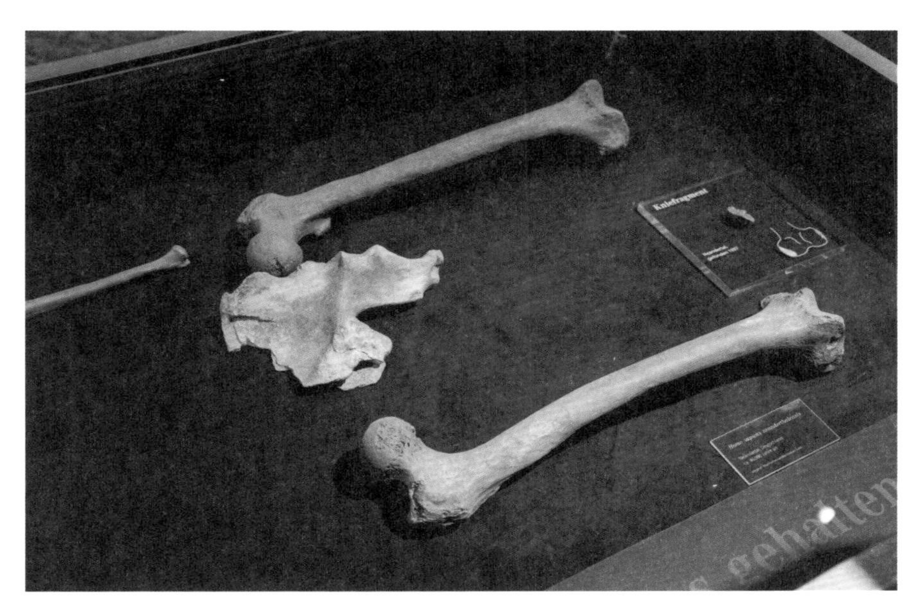

○ 尼安德特人骨骼（现藏于德国尼安德特人博物馆）

前面提到，约 19.5 万年前（或者更早），非洲出现了“具有现代人解剖特征”的早期智人。其后（约 13 万～10 万年前），早期智人走出非洲，向外迁徙与扩散。由于智人有更高的智力，能够制造更复杂多样的工具，并能使用语言进行人际间复杂思想的交流，因而，他们改造自然、适应不同环境的能力得到空前提高。他们超越了直立人寻找天然洞穴及取火御寒的技能，开始用动物皮毛缝制衣服，并建造藏身避寒的“住宅”。

正因为如此，智人才能在冰河时代生存下来，并逐渐扩散。根据近年来的研究，约 5 万～4.5 万年前，智人到达中国南方。其后，智人还抵达了澳大利亚一带。

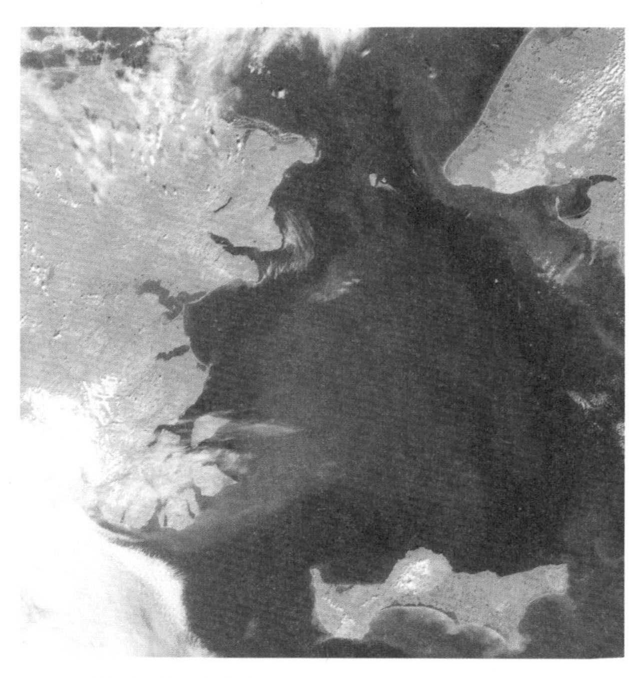

○ 卫星视角下的白令海峡

白令陆桥位于今俄罗斯西伯利亚与美国阿拉斯加之间狭窄的白令海峡。在更新世晚期，由于海平面下降，西伯利亚与北美洲相连，海峡和邻近地区形成了白令陆桥。

目前，现代欧洲人的直接祖先最早追溯到到约 3.5 万年前。智人还从欧亚大陆出发，经过冰河时代出现的白令陆桥，进一步抵达美洲。智人走出非洲，代表人类进化史上第三次走出非洲，最终几乎遍布全世界。

人类几度走出非洲，并最终成为地球上占统治地位的物种，主要依赖于我们独特的身体结构和生理特征，而其中最重要的是我们的脑量不断增大。大脑是一团极为神奇美好的物质，由无数神经细胞构成，并错综复杂地排列在一起，指挥着人体的各项生理功能。自人类起源以来的 700 万年间，人类的脑量至少增加到起初的三倍，而这种增加呈现出加速的趋势——其增大过程主要集中在最近的 200 万年间。

探索自身演化的故事，这本身就是我们人类独特的活动吧？自然，这也归功于我们有了如此发达的大脑。

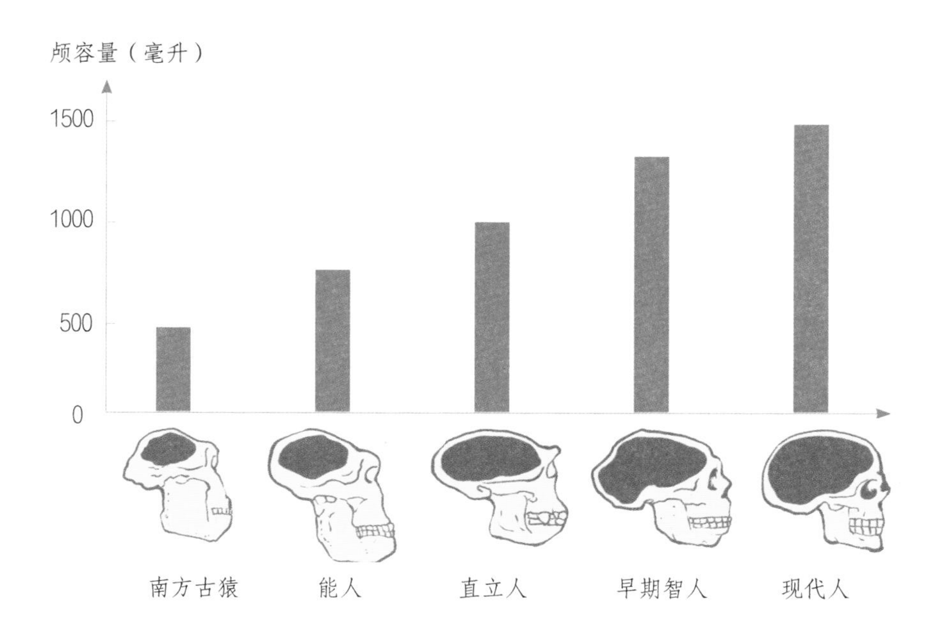

○ 人类进化过程中颅骨形态和颅容量的变化

颅容量（脑量）在很大程度上决定了动物的智力水平、认知能力及社会关系复杂程度等。从人类进化的整个历程看，人类的脑量呈缓慢增长趋势，从南方古猿到现代人，人类的颅骨不断向外隆起、向内扩张，颅腔容积不断增加，脑量逐渐增大。现代人的颅容量已经达到目前人类脑量进化的最高水平，并且，现代人大脑皮层的精细复杂程度也远远高于其他哺乳动物。

弗洛勒斯岛

弗洛勒斯岛位于印度尼西亚东部的一片群岛中。2004 年，科学家在该岛上发现了一种新的人类化石，命名为“弗洛勒斯人”。有种观点认为，这些身材矮小的弗洛勒斯人可能是直立人的直接后裔。

著名英国科普作家、《自私的基因》作者道金斯把生物演化称为“地球上最精彩的一出大戏”。在这出依然上演着的大戏中，人类演化可以说是其中最精彩的一幕，或者说达到了高潮。

然而，这也有“人类中心主义”之嫌。为了保持对自然的敬畏，作为地球上过往的和现生的亿万个生物物种之一员，最重要的也许是从这出戏中获得一些有益的启示。

五　人类演化的启示

图为阿根廷一段峡谷深处的“手洞”，为世界文化遗产。早期的人类运用矿物质颜料，采用喷绘方式在岩壁上留下了红色的手印。这些手印画的含义至今仍是未解之谜。

生物演化大戏中最精彩的一幕

人类演化是地球上生物演化这场精彩大戏中最近的一幕，也是最激动人心的一幕，因而必然受制于生物演化的一般规律。人类演化中出现的两次“跃进”式的体质变革——直立行走与脑量增大，都是人类在生存斗争中努力适应环境的结果。

在地球历史上，自大约3500万年前开始，气候逐渐变得干燥、寒冷，引起生态环境的巨大变化。许多新生代早期崛起的哺乳动物经历了一次不小的灭绝事件，人类的远祖（指猴子、猿类及人类共同的灵长类祖先）却得以幸存下来。

从大约2000万年前开始，地球上的冰川活动在强度和频率上逐渐增大，非洲的大片森林开始萎缩，稀树草原逐步扩大，结果是人类的祖先不得不从树上下来，到草原上谋生。

大约600万年前，气候不仅变得寒冷，而且多变。新的人族物种在新的环境压力下，为了迅速适应环境的变化，也不断地迅速演化，其骨骼特征变得更加多样化。

大约700万～400万年前，是猿类从树上下地、逐渐向“两足”动物演化的过渡阶段，它们的栖息地逐步从树上转入地面。

大约450万～430万年前，猿类基本上可以直立行走；不过，由于它们后面的两足依然生有对生趾（原先在树上生活的适应性特征），直立行走显得十分笨拙。

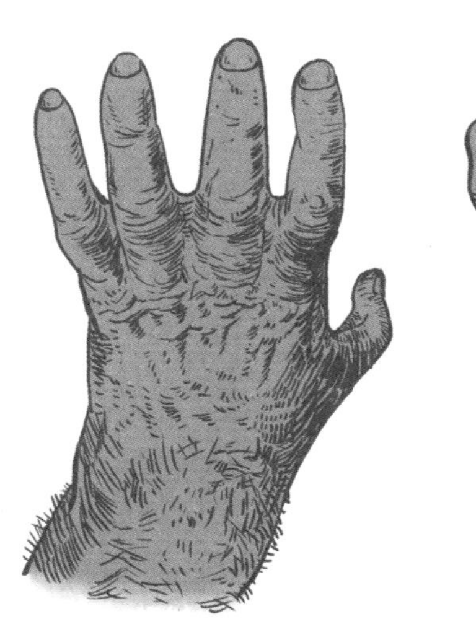

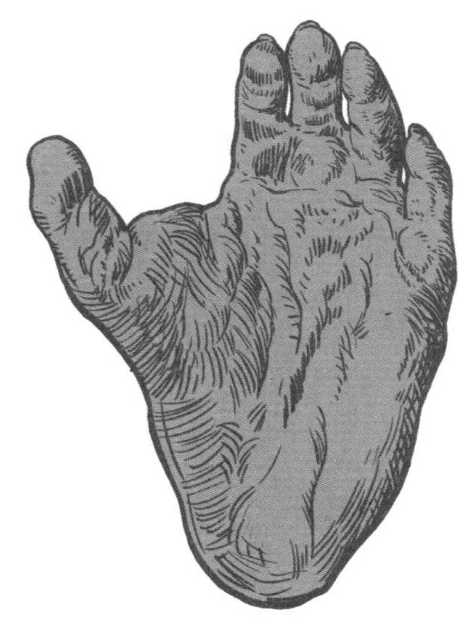

○ 大猩猩的手和脚（足部有对生趾）

到了大约400万年前，南方古猿彻底成为两足动物，完全习惯了在平地上生活。

寒冷的气候使人类远祖产生了另一项惊人的演化现象：脑量增大。由于头部越大，散热越低，因而，越是寒冷的气候，越有利于头部较大的幼儿生存。同时，头部增大带来了一个意想不到的结果：出现母亲生育中的难产现象；尤其是直立行走后，人体的骨盆结构发生了很大的调整，使婴儿出生的通道变得更加狭窄。在这种情况下，为了确保顺产，婴儿必须提早生产。这意味着，婴儿出生后待在母亲身边接受哺育的时间必须延长。与父母在一起的时间越长，又意味着学习的时间和机会越多。这反过来促进大脑继续增大，以适应日益增长的学习需要。能人出现在大约 250 万年前的一次大冰期之后，看来不完全是偶然。

现代人是更新世最后一次冰期（约 1.1 万年前结束）的产物。纵观地球上生命演化的历史，每一次生命演化大跃升，都是伴随着气候及环境发生巨变、引起生物大灭绝事件而发生的——这几乎成为生物演化的“铁律”，人类演化同样反映了“艰难困苦，玉汝于成”的道理。

在应对环境巨大变化的艰苦卓绝的生存斗争中，人类这一物种显示了强大的恢复力及高度的适应性。在很大程度上，人类应感谢环境变化曾迫使自身从树上走了下来，并数次走出人类诞生的摇篮——非洲，使我们在全世界的大舞台上，上演了一幕又一幕波澜壮阔、激动人心的演化大戏，生动地显示了达尔文生物演化论的强大生命力。

当我们讨论“人类起源”时，我们在讨论什么

我们谈及“人类起源”的话题时，首先要分清以下两个不同的概念：一个是早期人类与大型猿类“分道扬镳”的事件，人与猿的分离在大约 700 万～500 万年前，发生在非洲。另一个是智人（我们现代人，也是人属中幸存的唯一物种）的起源，也发生

在非洲，时间是大约20万～10万年前（很可能是16万年前）。只有分清我们在讨论哪一个事件，才不会发生“鸡同鸭讲”的尴尬情况。

关于头一个事件的眉目，现在似乎越来越清晰。我们对这一事件的了解，主要通过三方面的研究：

1. 比较现生灵长类（包括人类）的形态、生态及行为等方面的异同；

2. 比较灵长类（包括人类）的DNA、蛋白质及其他分子之间的异同。科学家通过以上两方面的研究，来了解并确定它们之间的亲缘关系；

3. 研究灵长类（包括人类）的化石记录，以了解灵长类（包括人类）的演进过程。

古人类化石的研究，主要归功于英国古人类学家路易斯·利基及其家人的开拓性工作。自20世纪60年代以来的几十年里，利基一家和其他古人类学家在坦桑尼亚、肯尼亚、埃塞俄比亚以及东非其他地区，先后发现和发掘了一系列约500万年前的人类祖先的骨骼、足迹和石器化石。尤其是坦桑尼亚的奥杜威峡谷和埃塞俄比亚的哈达尔，因出土了“露西”等著名的早期人类化石及人类脚印化石而闻名于世。这些发现代表了500万～100万年前的几种可能活跃在东非的不同种类的南方古猿。

如前所述，南方古猿不是巨猿类，而是属于人科的原始人类。与现代人相比，“露西”及其他南方古猿的主要特点是身材矮小、体表多毛、脑量较小、智力较低。与猿类及其他灵长类动物相比，南方古猿可以直立行走，由此解放出来的前肢能够独立完成许多其他工作，并且其拇指可与其他手指相对，可以使用、制造工具，做复杂的工作。

南方古猿的脑量较小，其脑部掌管语言的区域不发达，但他们似乎已经可以进行初步的语言交流。他们能够计划比较复杂的活动，包括有目的地长途跋涉，去寻找制造工具的石头等。他们在体质与智力方面的进化，保证了自身能在东南非洲的广阔大地上生存、繁衍。

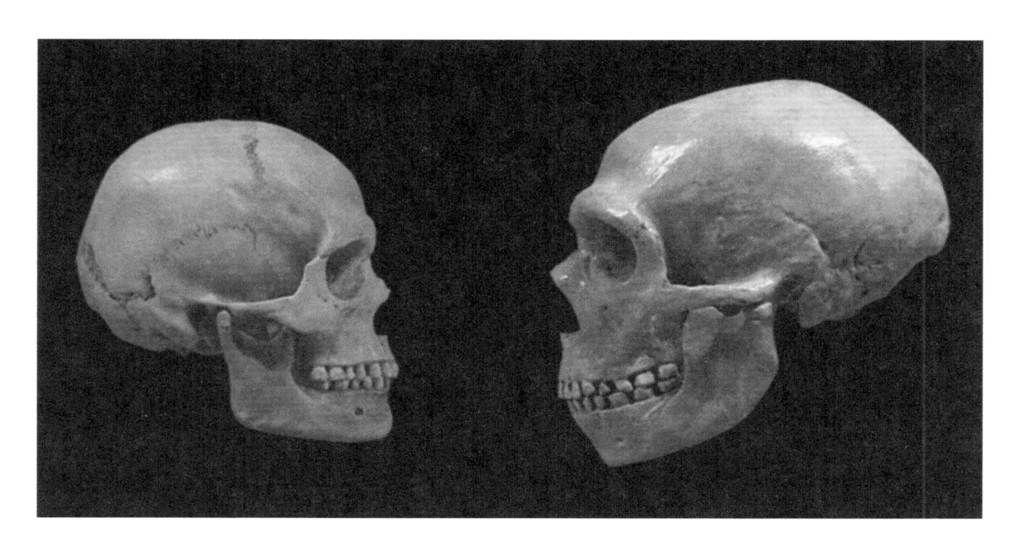

○ 智人（左）与尼安德特人（右）头骨比较

○ 智人用动物骨头与石头制造出的各种工具（骨针、骨鱼镖、手斧等）

关于第二个事件，已有化石证据显示：约 19.5 万年前，出现了“具有现代人解剖特征”的智人，即智人不仅拥有与现代人差不多尺寸的大脑，而且与现代人一样，其大脑前半部分特别发达，这是分管自觉与思考的区域。而分子生物学证据表明，现代人出现的时间约为 20 万年前。

然而，2017 年 6 月，来自摩洛哥的化石证据显示，智人最早可能在约 30 万年前已出现。智人的骨骼特征与相近的其他祖先类型相比，有许多明显的不同之处：身材增高、体形变得不那么粗壮；头颅变大变高变圆、头骨变薄；前额变得宽阔、平坦；面部不再向前突出；眉嵴也不再那么突出，并明显地分成中间与外侧两半；下巴向前突出，并超过下颌齿列，牙齿变小；等等。

尽管直立人学会了用火、制造工具，具备一定的语言能力和智力水平，但在长达 100 多万年间，他们的足迹始终没有走出东半球范围，尤其是未能抵达东半球寒冷的北部地区。只有具备更高智力水平与语言交际能力的智人，才能在冰河时代生存下来，并利用其间暴露出水面的一些陆桥，扩散到西半球及大洋洲。

近年来完成的人类基因组测序，也从基因角度有力地支持了上述观点。我们知道了某些令我们成为智人的基本特征，比如发达的大脑以及跟语言相关的一些基因（如FOXP2基因）的加速演化。

智人最显著的特征跟它的种名相关，即我们具有高度发达的智力。这种高智能，不仅使我们在生存与繁衍的生物适应方面“稳操左券”，而且使我们具有异乎寻常的想象力与细微敏锐的自我意识。这最终使我们人类在一定程度上摆脱了自然选择的藩篱，走上了文化演化的道路。

从早期人类的原始殡葬仪式及祭祀活动中的念咒呐喊与肢体扭动，演化出了音乐、舞蹈乃至宗教；从克罗马农人的简单岩画发展出了梵高与毕加索；从山顶洞人聚集在篝火边的“家长里短”发展到现在的各种叙事文学形式；等

分析古人类的基因组，能提供重要的遗传学信息，为现代人类的疾病研究带来启示。同时，了解古人类与微生物协同演化的过程，能启发现代或未来人类如何更加适应环境。

等。我们不再只是人类学家过去所说的“裸猿”与“闲话猿”，而是具有高度智慧与文明的“诗性猿”。在所有生存过的人类中，只有我们（晚期智人）借助非凡的智力而拥有了独一无二的精神世界，也就是人们通常所说的灵魂。它不仅赋予了我们正义感、使命感与献身精神，还赋予了我们审美愉悦与精神追求。

“裸猿”（the naked ape）一词来自德斯蒙德·莫里斯（Desmond Morris）的名著《裸猿》的书名。作者在书中认为人类在求偶、工作和战争等方面与猿类无异，只是体毛褪除而已。该书被认为是人类学与心理学科普著作中具有里程碑意义的作品，有人甚至将其与达尔文的《物种起源》相提并论。

“闲话猿”（the gossiping ape）一词来自 E.O. 威尔逊。威尔逊认为，在人类社会伊始，人们就喜欢聊家长里短，围在篝火旁说闲话，这既促进了人际交流与合作，也推动了大脑的演化和复杂语言的发展。

“诗性猿”（the poetic ape）则是我拾了莫里斯和威尔逊两位大师的牙慧，指出科学与文艺有着共同的创意源泉。诗言志，歌咏言，诗性无疑是人性闪光的一面。

这三个词的共同含义是：说到底，我们的基因与猿类极为相似，我们只是身上无毛、喜欢聊家长里短、具有一些诗性的猿而已。

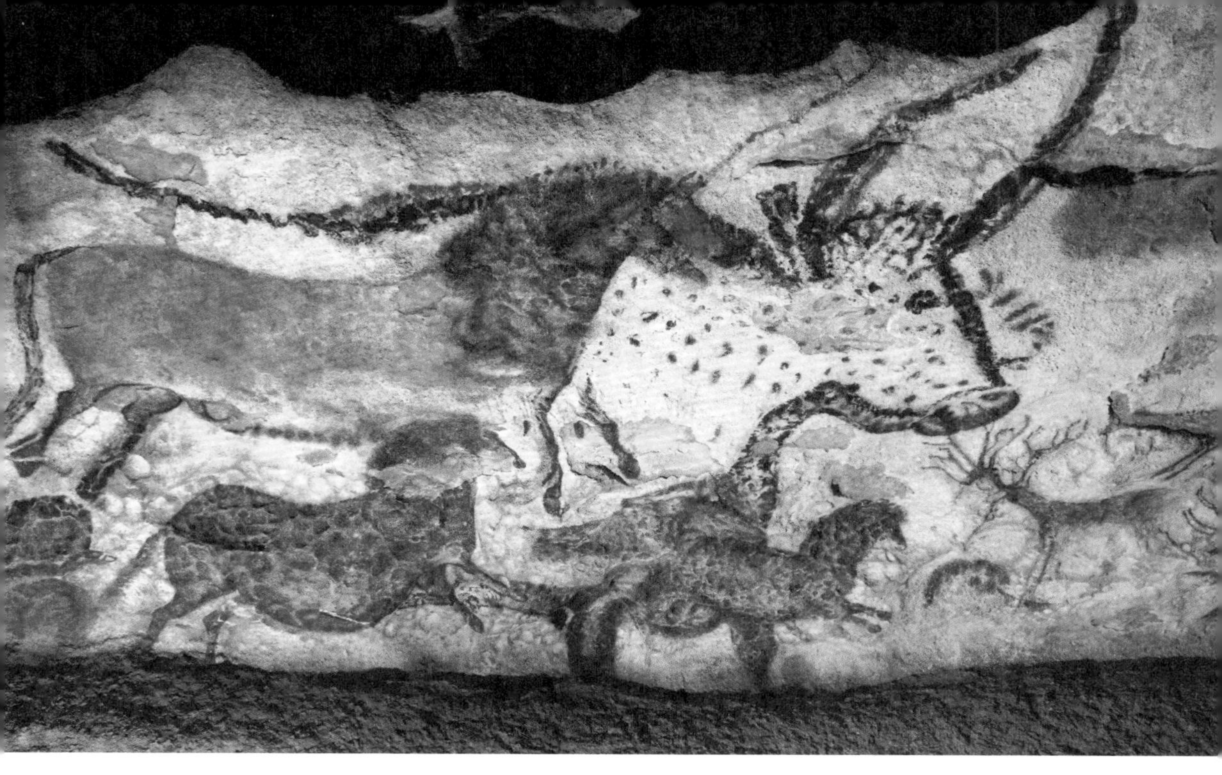

○ 图为位于法国的拉斯科洞穴壁画。这些壁画是克罗马农人（旧石器时代晚期智人）创作的，画面中的野马、牛、鹿栩栩如生，最大的野牛长达5米。

“非洲起源说”与“多地区进化说”

关于人类的起源与演化问题，达尔文身后 100 多年来，科学家不光积累了大量的化石证据，分子生物学的进展也提供了强有力的证据。

1987 年，美国加州大学伯克利分校的科学家在《自然》杂志上发表了一篇文章，是对现代几个主要人种的胎盘线粒体的研究结果，发现非洲人不同群体之间的 DNA 差异比其他人群之间

（如东亚人和欧洲人之间）差异更大。线粒体变异的速率是恒定的，这意味着变异越多，积累这些变异所需的时间越长。换句话说，非洲人的历史最长，人类起源于非洲。

现代人类的历史约为20万年，也就是说，我们的共同祖先是大约20万年前的一位非洲女性。由于西方把人类最早的母亲称为夏娃，媒体便大肆渲染这一推论中的非洲女人为“线粒体夏娃”，后来，人们把上述假说称为“非洲夏娃假说”，又称“非洲起源说”。根据这一假说，“非洲夏娃”的后代在大约13万年前走出非洲，扩散到欧亚大陆，并取代了那里原先的古人类。

这一假说的美妙之处是，它有来自非洲（尤其是东非）的大量古人类化石证据作为支撑，因此很快变成科学界普遍接受的主流学说，直到目前依然如此。

另一种假说主要依靠化石证据，即“多地区进化说”。这一假说由美国古人类学家沃尔波夫与中国古人类学家、已故吴新智院士提出，他们认为：地球上四大主要人种均与该地区的古人类有密切联系，比如东亚人主要起源于中

走近科学巨匠

吴新智为中国古人类学家、中国科学院院士，获得中国古生物学会终身成就荣誉。他开创并推动了中国的灵长类解剖学和法医人类学研究，科普代表作有《探秘远古人类》《人类进化足迹》等。

国的古人类，澳大利亚土著人来自爪哇人；其主要证据是同一地区不同时代的古人类化石具有一系列共同的形态特征，并呈现出演化的连续性。后来，吴新智院士补充提出一个地区“连续进化附带杂交”的假说，来进一步解释中国古人类的演化以及中国人的起源。

近年来，有些学者认为，最早的现代人出现在东非后，随后扩散到欧亚地区，并不断与当地的古人类融合、杂交，发生基因交流。这一观点称作“吸收和同化的模式”，可以说是一种结合了“非洲起源说”与“多地区进化说”的折中观点。

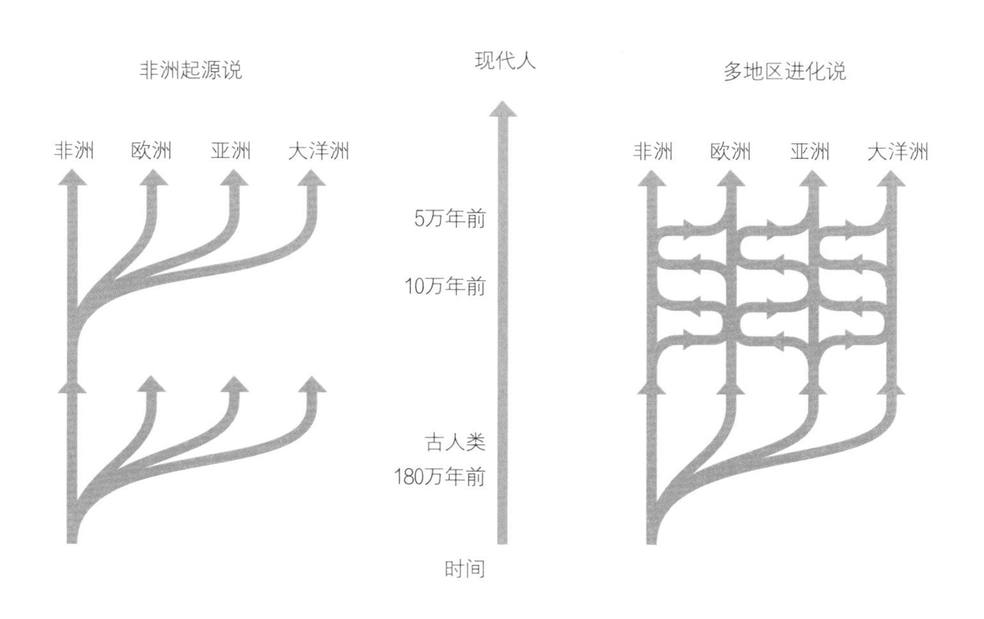

○ “非洲起源说”与“多地区进化说”

人类演化型式是“阶梯型”还是“树丛型”

对于生物演化，绝大部分人存在一种认识误区，以为生物演化就是从简单到复杂、从原始到进步、从低等到高等这样直线型或阶梯型的演化模式。

实际上，自从达尔文提出生物演化论以来，我们逐步认识到，整个生物界形成了一棵巨大的“生命之树”。生物在演化过程中，往往呈现出树形分支状，可称为树丛型模式，而不是阶梯型模式。

○ 生物演化不是从低等到高等的阶梯型（左），而是树形分支状（右，示意效果）的。

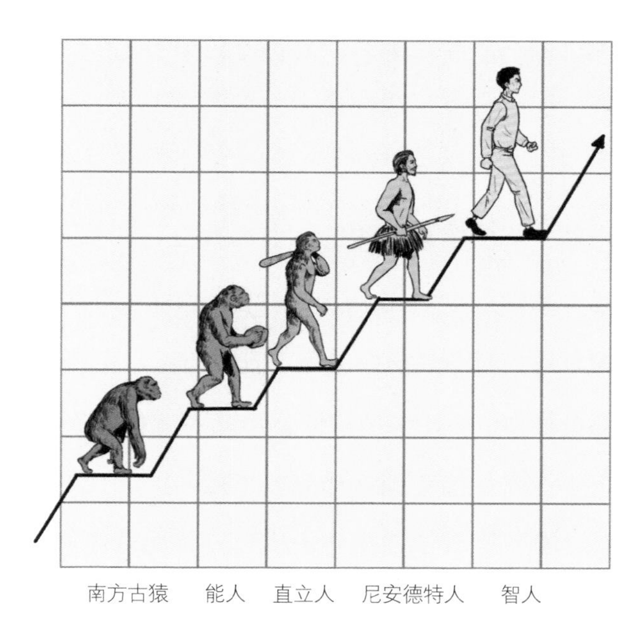

○ 阶梯型人类演化图示

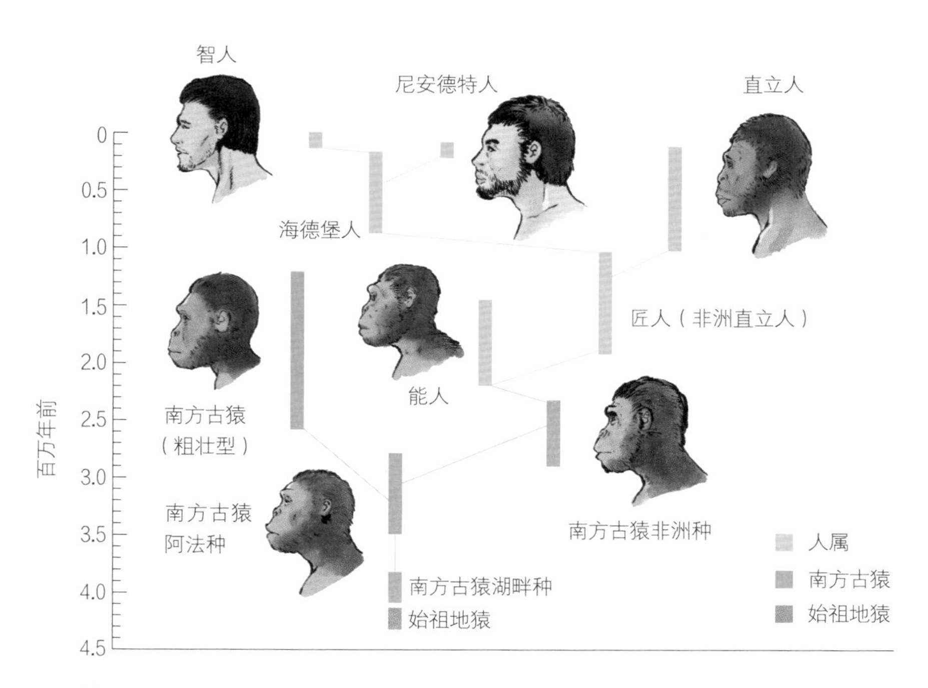

○ 树丛型人类演化图示

许多物种或演化支系在演化过程中灭绝了，并没有留下直接的后裔，一般只有其中密切相关的一个支系中的某一个或几个物种留下了后裔。然后，那一个或几个物种的后裔又演化出一个或多个物种，其中多数物种最终也都逃脱不了灭绝的命运，只有一个或几个物种继续演化下去。因此，整个“生命之树”是棵盘根错节的大树，而不是简简单单、直线向上、光杆独枝的“电线杆”一样的单枝树——如果是这样，也就不能称之为树了。

人类演化的历史同样如此，不像一般人理解的是从南方古猿到能人、直立人、尼安德特人、智人这样直线型或阶梯型演化过来的。随着早期人类化石的发现不断增加，古人类学家们发现：许多支系的物种（包括尼安德特人在内）并没有留下现存的后裔。虽然古人类学界对非洲发现的早期人类化石的分类及相互之间的亲缘和演化关系尚存在很多悬而未决的争议，不过一般认为，人类早期演化历史呈现出的是树丛型，而不是过去一般所相信的阶梯型。

部分超越了自然选择的智人

尽管达尔文深信我们自身也是通过自然选择演化而来的，但他生怕“引火烧身”；为了避免可能过度刺激与触犯“神创论”

者们（包括他的妻子爱玛）的宗教情感，达尔文在《物种起源》中刻意避开了对人类起源问题的讨论。直到全书的结尾处，他才故作轻描淡写地一笔带过："人类的起源及其历史，也将从中得到启迪。"真可谓"千呼万唤始出来，犹抱琵琶半遮面"。

《物种起源》问世后，出乎达尔文的预料，反对的浪潮并未持续很久。尽管如此，达尔文依然谨小慎微，不敢贸然讨论人类起源问题。直到十年后（1869），《物种起源》第五版面世时，他才"羞答答"地在"启迪"之前加上"很大"一词。达尔文像不断地"试水"一样，一直密切关注着人们对此的反应。

1871年，达尔文终于觉得时机成熟了，于是出版了《物种起源》的姊妹篇——《人类的由来及性选择》。在该书中，他鼓足勇气，首次提出了人类是从类人猿演化而来的假说，并且推测人类的起源中心在非洲。

我们在前面提到，达尔文最初提出这一假说时，尚无任何化石证据，更没有分子生物学的知识。但是，经过100多年来各相关学科科学家的不懈努力，由达尔文最初提出的"大胆

假设”促进并推动了人类学的建立和发展。迄今为止，科学家已经比较有把握勾绘出人类起源与进化的整体图景，尽管在很多细节上还存在争议。

目前，我们认识到：一方面，人类与大型猿类之间具有明显的相似性，这不仅表现在外表的形态特征上，也表现在体内分子水平上（如染色体类型、DNA、蛋白质和血型等）。

另一方面，人类与大型猿类之间存在一些明显差异（由基因组细微的排列差异造成），以及可能由此带来的智力水平和改造自然环境能力方面的巨大差异。

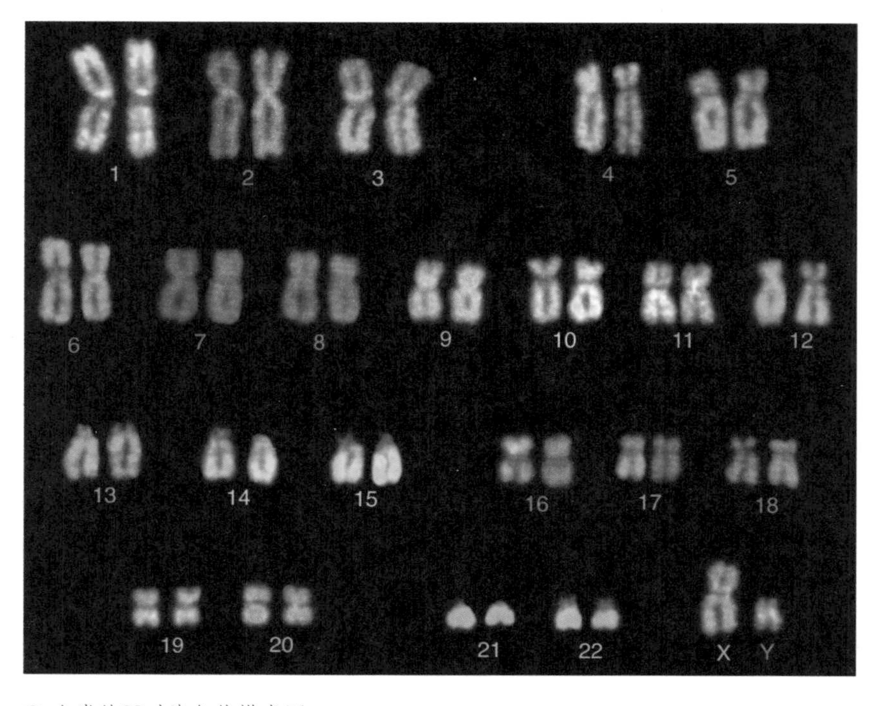

○ 人类的23对染色体模式图

正是这些差异，使人类进化成具有高度智慧的物种，也才有了“智人”的名字。

当其他生物仍然受制于自然选择的力量、努力改变自身以适应自然环境之时，我们人类不仅改变自身，还发明了各种工具与技术，适度地改变自然环境，使其适合自己的需要。

正是这些差异，使我们学会了缝制衣服、修建住宅、用火取暖等来抵御寒冷，而不是依靠自然选择的缓慢过程再次演化出覆盖全身的厚密皮毛；我们发明了飞机等飞行器，而不需要演化出翅膀来飞行；我们修建桥梁，发明了轮船，而不需要演化出鳃及鳍肢来渡水或航行；我们能使用语言及其他交流手段进行协作，来集体应对环境的挑战。尽管科学技术的发展与进步日新月异，然而，最复杂的电脑系统还是由人脑设计和制造的。这一过程始于远古时代的狩猎活动，一直延续到今天。

人类独有的高度智力、对环境复杂的感知能力和精密的交流系统，使我们在一定程度上超越了自然选择，因而有机会部分地脱离了纯生物演化的轨道，走上了文化与社会演化的壮丽征程。

保持对自然的敬畏和谦卑

我们在前面谈到，智人凭借自身的智力，已经在一定程度上挣脱了自然选择的束缚。请注意，“在一定程度上”这一修饰语是至关重要的。

尽管我们已迈进 21 世纪，科技有了飞速的发展，改造自然的能力似乎越来越强大，然而，我们时刻不应忘怀：自然选择对于我们而言，依然如同孙悟空头上的紧箍咒。

只要稍微关注一下就会发现，地球上人口的增长速度已大大超过自然资源的增长速度，饥饿与贫穷从未绝迹，大规模饥荒的威胁依然存在。由于全球气候变暖和人类污染带来的环境恶化，有人认为智人的第四次“走出非洲”业已上演。近年来，非洲的难民问题以及由此引发的世界局部地区的不安定形势提醒我们，以马尔萨斯的人口论为基础的自然选择原理依然起着不容忽视的作用。

你们也许听说过，有人认为，几百年之后，我们的智齿和小脚趾会消失，人体中一些无用器官（如盲肠）也会消失；由于体力劳动越来越少，人的四肢会变得越来越细，而过度使用的器官会膨胀，比如人人顶着硕大无比的脑袋。如果我们对自然选择理论有信心的话，这些依据拉马克“用进废退”学说所做的预测，都不太可能实现。

21 世纪是医学生物学的黄金时代，演化生物学（也称进化生物学）有着广阔的发展前景。

由于全基因组测序已经完成，在不久的将来，我们有望了解，在基因水平上，是什么真正使我们成为与众不同的“人”。此外，神经生物学将会得到长足的发展，我们有望了解人的情绪与自我意识的产生过程，以及它如何左右人的自由意志，等等。在实用意义上，医学、药学的进展能在与细菌、病毒及遗传疾病的“军备竞赛”中取得更多、更大的胜利。

至此，我们应该清醒地意识到：我们是 30 多亿年生命演进以及 600 多万年人类演化的产物。这些演化经历塑造了作为生命个体的每一个人，无论我们的体质特征，还是我们的性格特点，都深深地打下了这一演化过程的烙印。也许人类的起源与演化研究的最大贡献，是让我们认识到了我们究竟是谁、从哪里来、往哪里去。

尽管我们独有的、高度发达的智力使我们在一定程度上超越了自然选择的藩篱，但我们依然是自然的一员。从人类的祖先最早走出非洲之日起，我们的命运和荣辱就已镌刻在我们的基因里。希望你读到此处，已经获得这一重要的启示。

尾声 科学的精髓——求真

本书追溯了达尔文身后100多年来，世界各国科学家积累的有关人类起源与演化的化石证据及其研究成果。古人类学研究关系到我们自身的历史，一直是公众高度关注的对象。古人类学领域的每一个重大发现及其研究成果，无疑会给发现者和研究者带来莫大的声誉乃至职业上的升迁。

○ 青年达尔文

达尔文生活的时代是科学发展之初，当时科研尚未成为一种职业，一些人只是出于对某些自然现象的好奇，自发地提出问题，并竭力通过观察和实验去探求答案。那时候，他们不占位子、不拿票子，比如达尔文参加“小猎犬号”环球科考，全部费用自理。因此，只要他们提出的假说和理论不是耸人听闻的异端邪说，一般很少会受到公众的注意。自然，公众也不会要求他们对公众尽责。

这种情形在工业革命以后逐渐改变。尤其在二战之后，科学技术与人们的日常生活息息相关，科研工作已成为一种安身立命的职业。作为职业，科学家的重大科研成果往往会给他们带来巨大的荣誉及收益。这样一来，剽窃、篡改、伪造等学术不端行为也逐渐冒头。在古人类学领域里，“皮尔当人”是一起最臭名昭著的学术造假事件。

这是一起发生在20世纪早期英国自然历史博物馆的丑闻。

当时，修路工人在砂砾坑里发现了一个头盖骨，被一位名叫道森的律师送到伦敦的英国自然历史博物馆，交给古生物学家伍德沃德研究。伍德沃德发现它与先前德国发现的尼安德特人头骨不太一样，更像现代人的头骨。几天后，道森又在发现头盖骨的地点附近找到了一块下颌骨，似乎跟头盖骨属于同一个体，这使古生物学家们异常兴奋。他们发现，下颌骨像猿类的，牙齿却像人类的，可惜磨损得太厉害，这一发现恰恰符合古生物学家心目中处于猿与人过渡之间的“缺失环节”，迎合了古生物学家们想看到的东西。

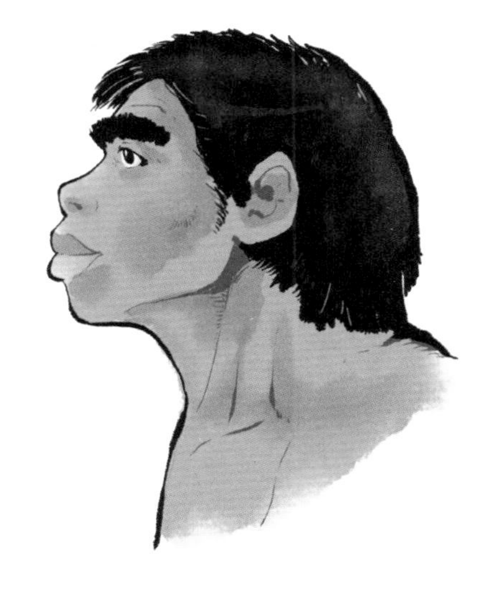

骗局直到20世纪50年代初才被新的技术手段揭穿，原来，下颌骨是属于猩猩的，却安上了经过打磨的人类牙齿。

由于骗局揭穿时有些当事人已经去世，所以，究竟是谁造假一直是个谜。不过，这一骗局曾使古人类学蒙羞。

正如王国维先生指出的：“当知学问之事，无往而不当用其忠实也。”在华盛顿美国科学院的门口，有一尊爱因斯坦的铜像，上面镌刻着爱因斯坦的一句名言：“探求真理的权利也含有责任：你不能隐瞒你所发现的真理中的任何一部分。”

毋庸置疑，把自己发现的真理“和盘托出”，也需要诚实。所有这些都概括了科学研究的精髓——求真（追求真理）。

如果说“忠实”和“诚实”是普通人的美德，那么，对科研人员来说，它却仅仅是底线和基点，每一位科研人员万万不可跌破这一底线、低于这一基点。

科学不仅是一项求真的事业，而且具有自我纠错的机制。所有的学术不端行为最终都会被揭穿，因为科学必须经得起重复观察和实验，并得到验证。

因此，亲爱的读者朋友们，每一个有志于科学研究的人，必须从一开始就要弄清楚：科学是求真的事业，我们要像达尔文、牛顿等科学前辈那样，始终保持求真求实、谦虚谨慎的治学精神。

最后，我引用牛顿晚年的一段话来结束本书：

我不知道世人如何评价我，但我自以为：我好像是在海边玩耍的孩童，时而发现一块稍微光滑点儿的卵石，时而发现一个更为美丽的贝壳，并以此为乐；而我面前的真理大海，尚有无尽的未知有待发现。

I do not know what I may appear to the world, but to myself I seem to have been only like a boy playing on the seashore, and diverting myself in now and then finding a smoother pebble or a prettier shell than ordinary, whilst the great ocean of truth lay all undiscovered before me.

——Isaac Newton

奇异的事物虽然多，

却没有一件比人更奇异。

他要在狂暴的南风下渡过灰色的海，

在汹涌的波浪间冒险航行；

……

他用多网眼的网兜儿捕那快乐的飞鸟、

凶猛的走兽和海里游鱼——

人真是聪明无比；

他用技巧制服了居住在旷野的猛兽，

驯服了鬃毛蓬松的马，

使它们引颈受轭，

他还把不知疲倦的山牛也养驯了。

他学会了怎样运用语言和像风一般快的思想，

怎样养成社会生活的习性，

怎样在不利于露宿的时候躲避霜箭和雨箭；

什么事他都有办法，

对未来的事物也样样有办法，

甚至难以医治的疾病他都能设法避免，

……

——[古希腊]索福克勒斯《安提戈涅》

动物界
脊索
动物门
哺乳
动物纲
灵长目
人科
人属
智人

林奈

Carl Linnaeus
1707—1778
瑞典植物学家、动物学家、分类学家

布封

Georges-Louis Leclerc, Comte de Buffon
1707—1788
法国博物学家、作家

拉马克

Jean-Baptiste Lamarck
1744—1829
法国进化生物学家

洪堡

Alexander von Humboldt
1769—1859
德国地貌学家、植物地理学家

莱伊尔

Charles Lyell
1797—1875
英国地质学家

路易·阿加西

Louis Agassiz
1807—1873
美籍瑞士裔植物学家、动物学家

尤金·杜布瓦

Eugène Dubois
1858—1940
荷兰古人类学家

约翰·安特生

Johan Gunnar Andersson
1874—1960
瑞典地质学家、古生物学家

步达生

Davidson Black
1884—1934
加拿大古人类学家、解剖学家

奥托·师丹斯基

Otto Zdansky

1894—1988

奥地利古生物学家

杨钟健

C. C. Young

(Chung Chien Young)

1897—1979

中国古生物学家

路易斯·利基

Louis Leakey

1903—1972

英国考古学家、古人类学家

裴文中

Pei Wenzhong

(P'ei Wen-chung)

1904—1982

中国古人类学家、考古学家

玛丽·利基

Mary Leakey

1913—1996

英国考古学家、古人类学家

吴新智

Wu Xinzhi

1928—2021

中国古人类学家

珍·古道尔

Jane Goodall

1934—

英国生物学家、动物行为学家

斯万特·帕博

Svante Pääbo

1955—

瑞典生物学家、进化遗传学家

付巧妹

Fu Qiaomei

1983—

中国生物学家、进化遗传学家

附录三 主要术语中外文对照表

同学们，在本书中，我们提到了很多与生命科学、古人类研究相关的术语。现在，让我们一起认识一些名词的英语叫法。熟悉了它们，你以后阅读英语科普作品就更容易了！

物种 species

性状 character

化石 fossil

人类进化 human evolution

生物演化 organic evolution

自然选择 natural selection

胚胎发育 embryonic development

受精卵 fertilized egg

脊椎动物 vertebrates

骨架 skeleton

头盖骨 cranium

解剖学 anatomy

考古学 archaeology

人类学 anthropology

古人类学 paleoanthropology

古生物学 paleontology

熊 bear

犀牛 rhinoceros

鬣狗 hyaena

猴子 monkey

树懒 sloth

返祖 atavism

谱系树 genealogical tree /phylogenetic tree

牙齿 tooth

智齿 wisdom tooth

智力 intelligence

认知能力 cognitive ability

脑量/颅容量 cerebral capacity

大脑皮层 cerebral cortex

细胞 cell

神经细胞 nerve cell

足迹　footprint

栖息地　habitat

风化　weathering

迁徙　migration

洞穴　cave

基因　gene

DNA　脱氧核糖核酸

蛋白质　protein

染色体　chromosomes

线粒体　mitochondrias

血型　blood type

胎盘　placenta

旧石器时代　Paleolithic Age

新生代　Cenozoic

上新世　Pliocene

更新世　Pleistocene

冰河时代　Ice Age

东非大裂谷　East African Rift Valley

白令陆桥　Bering Land Bridge

放射性同位素　radioisotope

哺乳动物　mammals

灵长类　primates

猿类　apes

类人猿　anthropoids

红毛猩猩　orangutans

黑猩猩　chimpanzees

大猩猩　gorillas

长臂猿　gibbons

爪哇人　Java Man

人科　Hominidae

南方古猿　Australopithecus

人属　*Homo*

能人　*Homo habilis*

直立人　*Homo erectus*

尼安德特人　*Homo neanderthalensis*

智人　*Homo sapiens*

北京猿人　Peking Man / *Homo erectus pekinensis*

山顶洞人　Upper Cave Man

“裸猿”　the naked ape

“闲话猿”　the gossiping ape

“诗性猿”　the poetic ape

非洲起源说　Out-of-Africa Hypothesis

多地区进化说　Multiregional Evolution Hypothesis

吸收和同化的模式　Assimilation model

奥杜威文化　Oldowan

阿舍利文化　Acheulean

A

B

C

D

F

G

H

J

K

L

M

N

P

Q

R

S

T

W

后记

伟大的哲学家亚里士多德有句名言：“认识自身是一切智慧的发端。”从个体层面上说，认识自己，就是要在一生中尽早建立起自我意识，弄清楚自己的人生目标，并不断地提升自己，最终实现自己的奋斗目标和人生使命，成为一个有益于人民、社会、国家以及全人类的合格公民。只有做到这一点，才算是一个真正有智慧的人，才对得起我们这一物种的名称——“智人”，我们的个体生命也才有了意义，否则与酒囊饭袋有什么区别呢?

从广义上来说，作为人类的一员，我们还要认识和了解人类的由来，即我们人类起源和演化的历史。从人类自身角度来看，这部历史是整个波澜壮阔的生命演化史上最为精彩的一幕。基于此，我写完本系列的前三本书（《地球史诗》《生命礼赞》《恐龙绝响》）后，自然而然地着手写了这本书。希望你们读完这本书之后，不仅对我们人类的身世有了足够的了解，而且能够进一步去思考、“以史为鉴”，并从中获益。

人类自从大约 250 万年前在非洲稀树草原上出现以来，经过了漫长而艰辛的演化征程：从制造和使用粗陋的石器开始，到如今我们制造出了精密的电子显微镜、超级计算机和互联网、宇宙飞船等；从采集、狩猎为生，到现代化的农业、畜牧业、养殖业；从树叶蔽体、动物毛皮御寒，到今天的各类时装和轻便保暖的羽绒服；从跋山涉水、“步行天下”，到飞机、高铁、汽车、轮船等现代化交通工具出行；从荒野上的风餐露宿，到舒适的室内居住环境；从一个弱小的物种，成为广布在地球上各个角落的世界“霸主”……在这一过程中，我们的祖先曾与天斗、与地斗，与其他物种斗，也与人类中别的物种（比如尼安德特人和丹尼索瓦人等）斗，究竟是什么力量使我们智人最终胜出呢？

过去，科学家告诉我们：这是靠我们发达的大脑及其衍生的智慧（因而称我们自己为“智人”），这当然没错。但著名演化生物学家 E.O. 威尔逊和以色列新锐历史学家赫拉利等先后提出，这些应具体地归功于人类的团结合作精神与探索创新能力。2015 年，赫拉利的《人类简史》（英文版）一出版即风靡全球，达到了“现象级”的畅销程度；他在书中特别强调：人类成功的秘密主要在于我们的团结合作精神（聚合力）与虚构故事的能力（想象力或创造力）。我在本书中所介绍的人类“走出非洲”的故事，也充分展现了人类祖先团结合作、勇于探索、冒险、创新的精神和魄力。清醒地认识到这一点，对于人类应对当前所面临的各种挑战，也极具重要的现实意义。

此外，我编写这套丛书的初衷，是希望青少年读者朋友们能跳出“应试教育”的藩篱，放飞自我，在课外阅读中汲取教科书中所缺乏的东西，进一步拓宽视野，丰富想象力，培养科学探索精神，感受阅读的至乐。倘若还能在这一过程中学习和掌握高超的讲故事能力的话，那么定将会在今后的人生道路上获益良多。

最后，也是最重要的，我想借此感谢使这套书能够问世并获得一些成功的我的家人及“亲友团”成员们（这里难免挂一漏万）：吴新智院士（特别致敬）、张弥曼院士、戎嘉余院士、周忠和院士、沈树忠院士、朱敏院士、王原、高星、付巧妹、张德兴、徐星、蒋青、卢静、张劲硕、史军、严莹、吴飞翔、郝昕昕、陈楸帆、陈红、陈叶、宋旸、胡珉琦等；还有我的美国师友们：Jay Lillegraven, Hans-Peter Shultze, Jim Hopson, Jim Beach, Bob Timm, David Burnham 等。他们一如既往的鼓励和支持，是我的精神支柱。显然，这套书的出版，远不是我一个人的功劳。我要特别感谢青岛出版社有关领导（连建军、魏晓曦等）对这一选题的亲自指导与大力支持，以宋华丽女士为首的编辑团队的辛勤劳动，以及营销团队的杰出贡献。对于曾为这套书撰写书评、推荐语及新闻报道的作者和众多媒体朋友、中小学老师，虽从未谋面，但我心底的感激之情难以言表。对于我书中引用的科学家前辈与同行的研究成果（本书部分图片来自视觉中国、维基共享资源等），我对他们怀有极大的崇敬与感恩；科普书不能一一援引原始文献，让人遗憾并令我心怀忐忑——他们才是真正的创作者！

当然，我还要感谢多年来的忠实小读者及其家长们，你们的厚爱是我创作的巨大推动力。我们下册书再见！

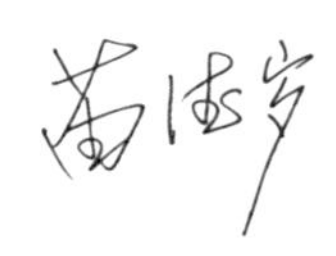

品牌介绍

知识无边界，学科划分不是为了割裂知识。中国自古有“多识于鸟兽草木之名”“究天人之际，通古今之变”的通识理念，西方几百年来的科学发展历程也闪烁着通识的光芒。如今，通识正成为席卷全球的教育潮流。

“科学＋”是青岛出版社旗下的少儿科普品牌，由权威科学家精心创作，从前沿科学主题出发，打破学科界限，带领青少年在多学科融合中感受求知的乐趣。

苗德岁教授撰写的系列图书涉及地球、生命、人类进化、自然环境、生物多样性等主题，为“科学＋”品牌推出的首批作品。